U0033221

神奇的檸檬

250種日常妙用，教你擁有全方位健康

JULIE FRÉDÉRIQUE 編著

鄒婧　譯

Lemon

神奇的檸檬
250種日常妙用
教你擁有全方位健康

作 者	JULIE FRÉDÉRIQUE
譯 者	鄒婧
發 行 人	程安琪
總 策 畫	程顯灝
編輯顧問	錢嘉琪
編輯顧問	潘秉新
總 編 輯	呂增娣
主 編	李瓊絲、鍾若琦
執行編輯	許雅眉
編 輯	吳孟蓉、程郁庭
編輯助理	張雅茹
美術主編	潘大智
行銷企劃	謝儀方
出 版 者	橘子文化事業有限公司
總 代 理	三友圖書有限公司
地 址	106 台北市安和路 2 段 213 號 4 樓
電 話	(02) 2377-4155
傳 真	(02) 2377-4355
E — mail	service@sanyau.com.tw
郵政劃撥	05844889 三友圖書有限公司
總 經 銷	大和書報圖書股份有限公司
地 址	新北市新莊區五工五路 2 號
電 話	(02) 8990-2588
傳 真	(02) 2299-7900

初 版 2014 年 4 月
定 價 新臺幣 169 元
I S B N 978-986-6062-93-3

版權所有 · 翻印必究
書若有破損缺頁 請寄回本社更換

This book published originally under the title Le citron malin by Julie Frédérique ©2009 LEDUC.S Editions, Paris, France.

Complexe Chinese Edition: 檸檬的妙用 ©2012 by Wan Li Book Co. Ltd. Current Chinese translation rights arranged through Divas International, Paris (www.divas-books.com)

本書經由香港萬里機構授權出版，未經許可，不得翻印或以任何形式或方法，使用本書中的任何內容或圖片。

SANYAU
http://www.ju-zi.com.tw
三友圖書
友直 友諒 友多聞

國家圖書館出版品預行編目 (CIP) 資料

神奇的檸檬：250 種日常妙用，教你擁有全方位健康 / JULIE FRÉDÉRIQUE 作 . -- 初版 . -- 臺北市：橘子文化，2014.04 面； 公分

ISBN 978-986-6062-93-3(平裝)
1. 檸檬 2. 家政 3. 手冊
420.26   103005378

黃金水果檸檬

檸檬這種極其精緻的水果,一直享有「黃金水果」的美稱,在其厚厚的豔黃色果皮下,隱藏著許多不為人知的強大功效。

檸檬中含有糖類、鈣、磷、鐵、維他命 B_1、B_2 及維他命 C 等多種營養成分,此外,還有豐富的檸檬酸和黃酮類、精油、橙皮苷等。中醫認為,檸檬性溫、味苦、無毒,具有止渴生津、袪暑安胎、疏滯、健胃、止痛、利尿等多種功能。

檸檬厚實的果皮充滿精油,具有濃郁的香氣,經常被切成細絲來為菜肴調味;從檸檬果皮中萃取的精油,還有很好的藥用價值,能防止心血管動脈硬化,調劑血管通透性,並減少血液黏稠度;檸檬中含有的大量活性成分,可在日常生活中代替各種家居清潔產品;檸檬熱量低有利於減少脂肪,是減肥良藥及瘦身輔助產品;檸檬酸具有防止和消除皮膚色素沉澱的作用,能潤肺、消渴、開胃解毒、美白、潤膚、治療面斑、粉刺等,甚至可以代替價格昂貴的品牌美容產品。

本書告訴你 250 多種巧用檸檬的方法,包括家居清潔、美容美膚、瘦身保健、美味食譜幾個方面的用法,根據這些方法來巧用檸檬,相信你的生活會更加健康美好!

本書功能依個人體質、病史、年齡、用量、季節、性別而有所不同,若有不適,仍應遵照專業醫師個別之建議與診斷為宜。

contents

PART 1

關於檸檬

檸檬有著濃郁的芳香，酸酸的味道和可食用的果皮，在為菜肴調味時具有生津解渴的功能；在咀嚼後會產生特殊香氣，有效去除口腔異味，使口氣變得清新。

但檸檬遠遠沒有那麼簡單，這個看上去很精緻的水果不但可以應用在很多場合上，還隱藏著許多不為人知的強大功效等著人們去發現。其「黃金水果」的稱號並不是徒有虛名。

 認識檸檬

因為含有大量活性成分，檸檬可在日常生活中代替各種家居清潔產品。簡單來說，一個檸檬就可以輕鬆搞定一切！它可以代替那些超市裏價格昂貴、對環境造成汙染的化學日用製劑，如清潔劑、去汙劑、去垢劑，也可以代替賣場裏價格昂貴的品牌美容產品、藥品及瘦身輔助產品等，使日常生活變得更加簡單輕鬆！有了檸檬，你也可以自製 100% 純天然的美容護膚品，不但環保、省錢，更不用擔心化學添加物讓肌膚過敏！你也可以試著把檸檬放在廳房裏當做擺飾，它會使房間變得更加明亮有生機。還等什麼，快將檸檬擺成金字塔造型作裝飾吧！

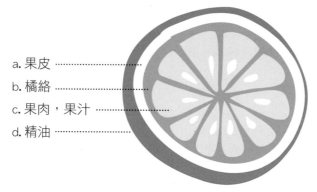

a. 果皮 ························
b. 橘絡 ························
c. 果肉，果汁 ················
d. 精油 ····················

果皮

檸檬厚實的果皮充滿精油，又具有濃郁的香氣，經常被切成細絲為菜肴、魚類或蛋糕等提味，或被作為家中的裝飾。我們可借助切絲器、削皮器或起司刨刀取得檸檬皮絲，並將檸檬絲放在通風處晾乾，裝入香料盒中長時間保存。雖然在風乾過程中會損失部分香氣，但也足以滿足菜肴的需求。另外，從果皮中萃取出的精油，也有很好的藥用價值。

橘絡

果肉與果皮之間的白色筋絡，味道非常苦。入菜前最好將橘絡剝開。

果肉與果汁

果肉多汁且味酸，有大量維他命 C（抗壞血酸）。從其中萃取的檸檬汁可用於芳香療法，也具有解渴作用；所含的檸檬酸在釀酒、做果醬、製作蘇打飲料、做蜜餞等過程中被作為添加劑、提味劑或防腐劑使用。

檸檬精油

採用濃縮方法製成的檸檬精油，濃度比檸檬汁高，在芳香療法中使用時需多加小心。它有強力的殺菌作用，在消毒的使用過程中，可以殺死包括空氣環境中的寄生蟲、細菌、真菌和病毒。

檸檬的營養

在所有水果中，檸檬也許是含有最多營養成分及療效的一種。雖然如此，它的熱量卻不高，每個檸檬中只有 10 卡熱量。每 100 克檸檬含有 19 大卡熱量，90% 的水分，及大量使身體機能正常運轉，維持身體健康不可缺少的維他命 B_1、B_2、B_6、鎂、鈣、鉀、磷、銅、鐵、葉酸、矽、錳、香豆素和胡蘿蔔中含有的類胡蘿蔔素、纖維、果膠等成分。

檸檬也含有豐富的維他命 C

它是柑橘類水果中，含維他命 C 量最豐富的水果！每 100 克果汁中就含有高達 52 毫克的維他命 C，只需 2 個檸檬就可以滿足每日所需（人體每日所需的維他命 C 約為 100 毫克）。

但是，對於吸煙的人士，疲勞、壓力大或者不能保證每餐都攝入新鮮水果蔬菜的人，可以增加檸檬的用量，因為這些人的體內肯定缺乏這種珍貴的維他命！檸檬厚實的果皮及其本身的酸性環境，使維他命 C 即使在採摘後幾星期都可以很好地保存。但一旦將檸檬切開，維他命 C 就會在短時間內揮發，需盡快食用完畢。

 ## 檸檬的主要營養成分

每100克檸檬的營養含量（相當於2個大檸檬）	
成分	含量
熱量	19大卡
蛋白質	0.7克
碳水化合物	2.5克
脂肪	0.3克
纖維	2.8克
維他命C	52 毫克
水分	90%

檸檬的效用

◉ 可以治病的檸檬

在中國和印度，檸檬很早就被作為一種有用的植物來治療疾病；古埃及人，將檸檬果肉及果汁用來解毒。當然，近代的研究已經證實了這種作法的正確性；羅馬人也因為檸檬幾近神奇的藥用特性而對其進行研究；中世紀時，在航海商船上，檸檬被用來治療一種由於缺乏維他命 C 而引起船員大量死亡的疾病（壞血病）。隨著新大陸的發現，在長途輸運奴隸的三角貿易中，也運用檸檬預防壞血病。

雖然很早以前，人們就懂得應用檸檬，但其治療原理直到 1932 年才真正被揭示：檸檬豐富的維他命 C 含量，能增加免疫力並預防疾病的發生，同時，其抗細菌及病毒的特性也被發現，所以有很長的時間，檸檬都被作為藥物來治療多種感染。幾乎每個時期，都會有新的檸檬功效被發現。直至今日，醫生們也會在許多疾病的治療中建議使用檸檬，如尿道感染、腎結石、支氣管炎、感冒或胃部灼熱等。

◉ 抗衰老／保護心血管／滅菌

每天飲用檸檬水可代替現在提倡的每日 5 蔬果飲食習慣的黃橘色水果。檸檬含有大量類黃酮，具有很強的抗氧化性，可以延緩衰老、降低膽固醇、防治高血壓、保護心血管，同時其含有的助消化，鎮痛，收斂等物質成分，都為檸檬增加了療效。另外，它強效滅菌的特性，對於治療感染極為有效，可用於房間、皮膚傷口、粉刺，或消毒食物。

⊛ 珍貴維他命 C ，提升身體抵抗力

維他命 C 除了可以帶來活力，對於身體的正常運轉也是不可或缺的，
因為它參加了一連串生理機能活動必須的程序，特別是能增強免疫力
以抵禦微生物或病毒引起的感染，這也是為什麼檸檬能治療各種冬季
疾病，如傷風、感冒、鼻炎、咽炎、鼻竇炎、腸胃炎……的原因。

除此之外，維他命還可以防止身體酸化、加速傷口癒合、調節血壓、
保護眼球水晶體及毛髮、促進甲狀腺和子宮的功能……。

總之，檸檬是一種可以消除疲勞，抗衰老的強氧化劑，這可以從檸檬
能阻止其他切開的水果及蔬菜因為接觸空氣而受氧化變黑，還可以阻
止身體內部細胞氧化這兩點來證明。

而且，以抗壞血酸（維他命 C 的化學名）作為食品工業中的抗氧化添
加劑 E300，也被廣泛使用。如此看來，說維他命 C 只有好處一點也不
過分！

檸檬的種類

 ## 常見的檸檬

檸檬太陽般鮮黃的顏色往往會讓人聯想到熱情的熱帶國家，也因此成為熱帶國家的象徵性水果。它經常會出現在具有地中海特色的美食中，以其特有的酸味，將摩洛哥特有傳統美食——Tagine 的甜鹹味道完美融合。

在印度，它則被用來與辣椒一起製成印度酸辣醬；在玻里尼西亞，它被用來搭配所有的魚類菜肴；在法國，檸檬則被用來製作蛋糕、蜜餞、果醬、果凍、濃縮果汁、橙蜜……等甜食。

黃檸檬的產地主要集中在巴西、美國及地中海沿岸的義大利、西班牙、葡萄牙、科西嘉及法國南部；而綠檸檬則分布在熱帶國家。

一般檸檬的集中採摘期約在每年的秋冬季，但現在，人們已經可以通過種植不同品種的檸檬，實現終年不間斷採摘的理想。因此我們在全年的任何時間，都可以在水果店中買到來自各國的新鮮檸檬。

 ## 常見檸檬品種

根據品種不同，檸檬可以呈現不同的橢圓，外皮也有粗糙與細緻之分，果汁含量和檸檬籽的數量也有不同，口感也存在偏酸、柔和與偏甜等多種滋味。以下是比較常見的檸檬品種：

品種	季節	特徵
Priomfiori	10 ～ 12月	橢圓，外皮細膩，多汁。
Limoneira / Lisbon	12月 ～次年5月中	偏圓，外皮細膩，多汁，少籽。
Verdelli	5月中旬 ～ 9月	果汁較少，因為常常在成熟前採摘而香氣偏淡。
Verna	全年	深黃色，偏長，外皮粗糙且厚，基本上無籽，不酸。
Menton	2月	香氣濃郁，多汁。

 # 檸檬的挑選

 ## 讀懂水果標籤

選擇檸檬一定要知道檸檬的特性，根據其特性來選擇檸檬最重要！想挑選到優質的檸檬，首先要讀懂水果標籤裡的名詞：

天然綠色
意味著檸檬在採摘前後都未經過任何處理，不存在任何農藥、殺真菌

劑，也未打蠟。除此之外，因為此種檸檬是經過太陽照射自然成熟的，所以成熟度也較高，是最好的一種。

如果想運用檸檬汁或檸檬皮絲烹飪美食，或將它們用於美容、藥用，又或是拿來飲用、塗抹在皮膚上，選擇這種天然綠色的檸檬就對了。

採摘後未處理

意味著在採摘後沒有使用殺真菌劑，也沒有打蠟。但這並不代表在採摘前沒有使用殺蟲劑和農藥，這一點與天然綠色檸檬截然不同。

如果無法買到天然綠色的檸檬，最好將買來的檸檬放在溫水中，以蔬果專用洗滌劑刷洗表皮，再用大量清水沖洗乾淨。這種方法雖然不能去除所有的殘留農藥，但總好過什麼都不做。

＊有些水果會使用殺真菌劑減少發霉的風險，或使用以石蠟為主要成分的蠟，防止水果水分蒸發，以延長保存期限，並增加水果的賣相。

挑選檸檬的小訣竅

- 盡可能選用天然有機種植的檸檬。因為儘管果皮可以保護果肉不受殘留農藥的侵入，但在果皮內還是會有少量殘留。
- 最好選擇在果樹上，經由太陽照射自然成熟的成熟檸檬。
- 選擇觸摸時表皮細緻、光滑，色澤呈鮮亮黃色的檸檬。不要選擇表皮粗糙且厚的，通常它們的果肉較少，果汁也相對較少。
- 選擇放在手裏會感到結實且有分量的果實，風味較佳。
- 選擇綠檸檬時，要選擇表皮柔軟有韌性的，因為其含有較多的果汁。

檸檬的處理

 ## 榨汁訣竅

- 為了方便地榨取檸檬汁，在榨汁前可將檸檬從冰箱中提前取出，或者將其在冷水中浸泡一個晚上。
- 如果時間不夠，就用手掌將檸檬來回揉搓使果肉變軟再拿去榨汁。
- 將檸檬放入熱水中 3 分鐘。如果檸檬出現脫水情形時可以採取此方法再拿去榨。
- 榨汁前將其放入微波爐中微波 15 秒鐘。
- 超市中有專門的檸檬榨汁器，可以解決榨汁過程中的汁液噴濺問題，也可以直接去掉檸檬籽。這是唯一可以避免榨汁時種種麻煩的辦法！

緩和過酸的口感

- 切檸檬時在刀上沾一點水。
- 將其與其他含糖量比較高的柑橘類果汁混合，如橙汁、橘子汁、柚子汁。
- 加入少許柑橘類花蜜。但是千萬不要加入白糖，因為這將影響檸檬本身的功效。
- 將檸檬切成薄片，在食用前 24 小時放在少許水中。

 ## 善用整顆檸檬

不要再扔掉榨過汁或用了一半的檸檬了！出現這種情況，記得將剩餘的部分放入冰箱或者另作他用。以下是幾種應用檸檬的方法：

- 如果只需要使用幾滴檸檬汁，那麼可以使用 1 根火柴棒或者牙籤在檬上扎一個洞，將檸檬汁引出。使用完畢後把洞堵住，以備下次使用。
- 榨過汁的檸檬可以直接吃掉或繼續吮吸。
- 將用過的檸檬放入冰箱，既可以延長保存期，也可以消除冰箱異味。
- 將其製成蜜餞，既可以直接食用，也可以拿來入菜。
- 可於製作糕點時使用。
- 檸檬也可用來製作果醬。
- 使用切絲器或用刀將檸檬皮切絲，將其放入小盒中置入冰箱。這樣在製作蛋糕，燉小牛肉或其他菜肴時便可隨取隨用。
- 可將檸檬汁製成冰塊備用。
- 檸檬也可作為家庭清潔、去除異味、殺蟲、美容、保健……之用。

試著使用檸檬吧，知道了它的好處後，將再也離不開它！

保存檸檬的方法

🍊 長保新鮮的小撇步

* 在常溫下，檸檬可以保存 1～2 週。
* 在冰箱冷藏室中，可以保存 2～3 週。
* 綠檸檬保存期比黃檸檬的長，在冰箱冷藏室中可以保存 1 個月。
* 要保存更長時間，且不讓水分不流失，可以將檸檬放入盛滿水的容器，然後放到冰箱冷藏室中，每日換水。這樣檸檬可以保存 3 個月，而且像剛買回來時一樣新鮮。

🍊 防止水分流失的祕訣

* 在 1 個小碟中放入少許醋，將切開面與醋接觸。
* 在切開處撒上一點鹽。下次使用時，只需將有鹽的部分切掉即可。
* 將切開的檸檬放入水中，切面朝下。
* 如果已經將檸檬皮完全去掉了，可將檸檬放入盛滿水的容器中，再放入冷藏室，每天換水。這樣可以保存 1～2 週。

保留活性成分的方法

維他命 C 在空氣中極易揮發，為了盡可能的將其保留，必須注意以下四點：

飲用時間

榨汁後立即飲用。為了盡可能的保留維他命 C，可將剛切好的檸檬薄片直接放入白開水中立即飲用，每喝一口，可再繼續用小湯匙按壓，將汁擠出，最後可將檸檬片含在嘴裏。

飲用溫度

在常溫或溫水中飲用，不要在熱開水中飲用，因為維他命 C 不耐熱，在熱水中會分解。也就是說，當你覺得熱檸檬口感更好的話，那同時也意味著它的維他命含量比常溫中還要少。

飲用時機

若想用檸檬來治療某種疾病，那最好選擇空腹飲用。建議在餐前 20 分鐘或餐後 2 小時飲用。

器皿

不要讓檸檬與塑料、金屬或鋁接觸，因為這些材質會改變它的營養成分。最好使用木質，玻璃及天然材質的容器。

藥劑師 Danièle Festy
談檸檬精油 ·······················

什麼是檸檬精油？

不同於其他精油以水蒸氣蒸餾萃取，檸檬精油是以新鮮的果皮為原料，通過冷壓榨而獲取的。因為檸檬精油存在於果皮中，所以約 1 公斤的檸檬只可以萃取到 10 毫升精油，100 公斤檸檬才可以得到 1 公升精油。

檸檬精油有哪些用途？

天然檸檬中的活性成分在檸檬精油中大大增強，這也是為什麼它在藥理學中被廣泛關注。其成分中含有效的保護活性成分，該成分可以預防各種病毒或細菌感染，也可用來淨化空氣，尤其對冬季的呼吸系統疾病效果明顯；也可用來烹調美食。

在人員密集或流動性大的公共場所，尤其是學校，幼稚園或診所，將檸檬精油通過薰香器具發散，就可以避免交叉感染，並控制病菌的傳播。當然，也能在家中廚房或辦公室內使用。

另外，建議針對一些消化紊亂狀況使用檸檬精油，作法很簡單，僅需用 1 滴精油配合 1 塊糖在口中含化，便可消除噁心，並幫助消化過於油膩的食物。

如何使用？

檸檬精油不僅可以噴散在空氣中，同時也可以外用（冷熱敷、漱口液）及內服（飲用及加入食物）。為達到最佳使用效果，一定要選擇優質

的精油，而且要嚴格遵守用量！通常只要使用一兩滴就足夠了，而且檸檬精油可以保存很久而不會變質。

＊注意：由於檸檬精油完全是檸檬活性元素的濃縮，因此它比普通的檸檬汁在治病的療效上更加明顯，使用時一定要多加小心。

使用檸檬精油的重要原則

1.切忌將檸檬精油直接塗抹在皮膚上：這樣做可能會引起皮膚發炎！正確用法應該是，在使用時將其與一種植物油，如橄欖油或甜杏仁油稀釋。

＊檸檬汁直接塗抹在皮膚上不會有問題。

2.進行日光浴前不要將檸檬精油塗抹在皮膚上：由於精油中含有的佛手柑內酯有感光性，可能會使皮膚產生永久性的斑點。因此，若身上塗有檸檬精油，需要在進行日光浴的 6 個小時前清洗皮膚，才能保證安全。雖然在藥店也可以買到無光敏性的精油，但購買前要向藥劑師諮詢。

3.不可在哺乳期使用：檸檬精油對孕期婦女是無害的，即使在懷孕的前 3 個月也沒有危險，但不能在哺乳期使用。

4.不可直接吸入：檸檬精油不可直接吸入，但噴灑是安全的。

PART 2

檸檬與家務

檸檬除了可食用，還有殺菌、消毒、
清潔、去油、去漬、去除異味的作用。
與工業清潔產品相比，它是既安全又
環保的。用檸檬幫房間來大掃除吧！

# 家居環境的清潔

使用檸檬清潔家居好處多多！與市面上販售的其他產品相比，檸檬的消毒效果要好得多，不但能夠清潔、去油、去漬，還能去除異味，使房間光亮如新。而且它也是成分最天然、最便宜、最經濟的選擇！

回復物品光澤

檸檬可以還原多種材質的器皿，只需幾滴檸檬汁就可使它們光亮如新。依照不同物品有各種不同的作法：

材質／物品	作法
鋼	將 1 公升檸檬汁與 5 公升水均勻混合，將鋼刀或不鏽鋼刀放入，用鋼絲球擦拭乾淨即可。
鋁	對於鋁製品，可用菜瓜布沾上檸檬汁擦拭。
象牙	要還原象牙或其他骨製品的白色，可將檸檬切成兩半並在切開面沾上鹽，然後擦拭。定期這樣操作，就會發現它們將不再變黃。
陶瓷	要使洗手台或浴缸重新恢復亮色，可以在刷洗後用檸檬汁塗擦表面。
銅器	較骯髒的銅器，可將粗鹽撒在表面，再將檸檬切兩半擦拭銅器上的汙垢，然後用棉布擦拭。
青銅器	用 1 塊布沾上檸檬汁擦拭，然後用溫水沖洗，最後用乾布擦乾。

銀器	將其放入檸檬汁中浸泡，再用熱水沖洗，最後用鹿皮巾擦乾，即可使銀質餐具恢復光亮。
銀首飾	此時可用檸檬汁擦拭飾品，再以大量熱水沖洗，最後用鹿皮巾擦乾即可光亮如新。
其他配飾	日常佩戴的小飾品，常會因褪色而在皮膚上留下難看的灰綠色痕跡，此時可以用檸檬汁擦拭，然後在褪色處塗上透明色漆。
瓷磚接縫處	可將小蘇打與檸檬汁以 1：1 的比例均勻混合成膏狀，然後塗抹在接縫處。停留幾分鐘後，用廢棄的牙刷刷洗，再用大量清水沖洗乾淨，這樣接縫處的汙垢就會完全消失。
海綿	放入熱檸檬水中 24 小時。如此一來，第二天拿出來便會像新的一樣。
草編	要給草編製品除塵，去漬或使其回復本來的顏色，可將其拿到室外，用刷子沾上檸檬汁後刷洗，刷洗數次後，用水沖洗乾淨。
籐製品	在 1 公升水中加入 2 匙檸檬汁，用布沾此混合液擦拭藤製品。
鋼琴琴鍵	出現琴鍵變黃的情況，可用 1 塊布包起一些沾有檸檬汁的木屑，避開琴鍵之間的連結處，小心塗抹琴鍵。乾了後再擦拭汙漬，然後用棉布打磨擦亮。或者將檸檬切開，在切面撒上鹽擦拭，也可以達到同樣的效果。

日用品＆家具的清潔方法

使用檸檬的方法不同，產生的效果也會有所不同，一起試試檸檬的神奇功效，讓家具煥然一新吧！

廚房用品
對於廚房地面、抽油煙機、廚房工作台和廚具上的油汙，可用菜瓜布的粗糙面沾上純檸檬汁後擦拭。

浴室設施
用撒有鹽的檸檬片清洗浴室，會發現洗手台、水管等處的水垢都被清乾淨了，甚至連留在浴簾上的水垢也隨之消失。

天花板／地板
在 1 公升熱水中加入 1/8 杯石蠟，待石蠟溶化後，加入 10 滴檸檬汁均勻混合。然後以布沾上混合液擦拭需要清潔的地方，待液體自然乾後，打磨擦亮即可。

褪色馬賽克磁磚
如果普通的清潔產品對於褪色的馬賽克磁磚不起作用，可以試著用半個檸檬擦拭，然後用涼水沖洗，晾乾。

餐桌
將 1 個蛋黃與少許溫水混合，然後覆蓋在汙漬上，先後用半個檸檬和菜瓜布的粗糙面擦拭汙漬處，再用水沖洗即大功告成！

冰箱

檸檬的抗真菌功能，可阻止霉斑的形成，利用這一特性，可為冰箱冷藏室除菌。建議每隔 15 天用沾有檸檬汁的菜瓜布清理冰箱內部，這樣做可徹底阻止細小真菌生長，進而汙染食物。

日用品

作法是滴幾滴檸檬汁在海綿上，以海綿擦拭髒汙，或直接將檸檬切開擦拭水垢部位，然後用水沖洗，可以去除汙漬並消毒。

電熨斗

要清理電熨斗的汙漬，可將檸檬切開，在上面撒少許鹽後塗擦熨斗底部，然後快速用浸濕的菜瓜布擦拭，再用軟乾布擦乾。

餐具

在 500 毫升的瓶中加入 1 茶匙小蘇打、1 匙白醋、100 毫升生物洗滌劑、15～20 滴檸檬精油，然後將水加滿後均勻混合，並拿來洗滌餐具，餐具將會光亮如新。若家裡是用洗碗機洗碗，也可使用此方法。因檸檬中的酸性物質會隨著洗滌過程，更徹底地清除水垢。

窗戶玻璃

只需將幾滴檸檬精油滴入以 1:9 的比例混合的工業酒精和礦物質水（比
如過濾後的雨水）中，混合均勻後倒入花灑或噴壺，就完成了自製的
環保玻璃清潔劑（想清除特別骯髒的玻璃，可再加入少許清潔劑）。

擋風玻璃

若要清理車上的擋風玻璃，可直接將檸檬切成兩半後，以其切面擦拭
玻璃，這樣就可以避免撞死的飛蟲留在上面。

大理石桌

如果有茶漬或者咖啡漬留在大理石餐桌上，可用菜瓜布沾上鹽和檸檬
汁擦拭汙漬，然後用軟布沾甘油或者亞麻油（藥店有售）擦拭。注意，
擦拭完一定要立即用大量水沖洗，否則檸檬酸可能會使桌面變白。

皮製家具

將雞蛋白打發起泡後與檸檬汁混合，塗抹在需清潔的皮包或者其他皮
革物品表面，用甘油擦拭上面的汙漬，再塗上保濕霜、卸妝液或是嬰
兒用潤膚乳作為保護。定期使用此方法來清理所有的皮製品，將會使
它們長期保持良好的使用狀態。

廚房工作台／陽台

檸檬是去除鐵鏽的首選。要去除廚房工作台或陽台的鐵鏽，可先將粗
鹽與檸檬汁覆蓋在鐵鏽處，等待 1 小時後擦拭並沖洗乾淨。如果鏽跡
比較頑固，可重複此操作。家中各處鐵鏽都可以嘗試使用此方法。

黃銅物品

將鹽與檸檬以 1：1 的比例混合成膏狀後擦拭黃銅上的汙漬。如果汙漬比較頑固，可再加入小蘇打。

金屬製品

留在金屬製品上的雞蛋汙漬，只要滴幾滴檸檬汁即可輕鬆去除。

殺菌消毒及其他應用

殺菌

利用檸檬可以自製除菌去漬、去油汙和消除異味的多用去汙劑。作法是將 1/2 杯馬賽皂粉、1/4 杯檸檬汁與 4 升熱水混合，最後再加入 3 滴檸檬精油，增強殺菌消毒效果。

消毒微波爐

要快速給微波爐內部消毒並去除異味，只需將 1 個檸檬的檸檬汁倒入 1 杯水中，並將其放入微波爐微波 1 到 2 分鐘，再用 1 塊布擦乾內部即可，其原理是利用所產生的水蒸氣達到消毒的效果。

消毒馬桶

可將 40 滴檸檬精油、檸檬香茅精油和歐洲赤松精油均勻混合後倒入噴壺中，再加入 2 匙伏特加酒或白酒及 1 杯水。於完成初步清潔時，將充分混合後的溶液噴灑在馬桶內側或直接滴 10 滴，就有消毒作用了。

淨化空氣

將含殺菌成分的檸檬精油噴灑在病房或存在細菌汙染的地點即可。

殺蟲

放檸檬片或滴幾滴檸檬汁在昆蟲經過的地方，這些不速之客就會主動離開。如果想對付會飛的昆蟲，可以將檸檬片用繩子穿起來掛在空中。

除蚤

利用檸檬還可以自製寵物專用沐浴乳來消滅跳蚤。作法是在中性沐浴乳中加入 20 滴檸檬精油混合均勻即可。這樣做跳蚤會立刻死亡，且不會刺激皮膚，也不會傷害寵物的毛髮。但此法需在 3 天內使用 2 次。若在沖洗後發現被殺死的跳蚤出現在浴缸的底部，請務必徹底清除！

驅除螞蟻

檸檬果皮中所含的檸檬精油可驅趕螞蟻或是讓牠們遠離住所，故可以試著將檸檬皮放置在螞蟻經過的地方、門前或窗戶處，或是將檸檬汁灑在螞蟻經過的地方也具有相同的效果，因為檸檬汁的味道會破壞螞蟻的味覺，使螞蟻喪失辨別路線的能力，找不到原來的路。拋棄對環境和對人有害的化學產品，試試最天然的檸檬吧！

回復鞋油狀態

鞋油還剩下很多，卻因為太久沒用乾掉了，讓人覺得很可惜。此時，只要加入幾滴熱檸檬汁，使鞋油液化，鞋油就可以繼續使用了！

作為植物肥料

將榨過汁的檸檬埋在花園裏或放在花盆中，可以當作很好的肥料及驅趕蛞蝓利器。如果想使它更快地分解，可將其切成小塊再埋入。

做成聖誕節裝飾

乾檸檬片可與其他乾花瓣放在一起、作為餐桌擺飾、裝飾花籃或聖誕花環裝飾。製作乾檸檬片方法很簡單，只需將檸檬片放在陽光下曬 4 ～ 5 天即可。更快速的方法是將烤箱調到溫火 90℃ 烘烤，期間要注意不要燒焦，並不時地翻轉，烤至摸起來有脆脆的感覺時就可以了。經過處理的乾檸檬片能保存很久。

＊可以在裝飾花籃上，再滴上幾滴檸檬精油，增添室內的芳香。

自製丁香檸檬芳香球

將檸檬劃上自己喜歡的線條，並將丁香一個個插入檸檬皮中即可。將其掛在屋內的通風處，這樣精油的香氣就會慢慢散發出來，彌漫整個室內。

 檸檬小知識

歷史悠久的馬賽皂

馬賽皂是一種清潔能力很強的香皂。14 世紀，法王路易下令把歐洲的肥皂製作權力交給馬賽地區，當時使用的傳統配方以及嚴格的品管，成就了馬賽皂的知名度。直到今天，馬賽的肥皂仍然享有很高的聲譽。

衣物的清潔

衣物上若不小心沾上汙漬，大多數人都會將汙漬處立刻放入冷水中然後用肥皂清洗，但有時這種方法並不奏效。此時建議利用檸檬來消除汙漬，下面是幾條有效的小妙招，但若衣物材質較脆弱，建議在使用小妙招前，在衣物不明顯處做實驗。

發黃

無論是哪種洗滌方法都可以加入檸檬為衣服增白，且不會像漂白水一樣，破壞衣物。

手洗：將 2 個檸檬的檸檬汁加入 1 公升開水，將衣物放入其中浸泡。

機洗：將檸檬切片後放入小袋子中再放入洗衣機。

特殊處理：想讓變色的白色棉質衣物增白，可先將 1 片檸檬片及馬賽肥皂放入 1 盆水中燒，等水燒開後放入衣物煮 10 分鐘，然後再放入洗衣機內正常洗滌。

＊想防止蕾絲花邊變黃，可在最後一遍沖洗時加入檸檬汁，然後浸泡幾分鐘；若想防止白色棉襪變色，可定期將白色棉襪浸泡在加入檸檬汁的熱水中，如此可使襪子始終保持原色，但需避免將棉襪放在熱水中，因為這樣會使襪子失去彈性。

雞蛋汙漬

最好馬上進行處理，此時汙漬很容易去除。作法是將衣物浸泡在冷水中，滴入幾滴檸檬汁，等待約 5 分鐘，汙漬就會消失。若汙漬沾上的時間較久，可在水中加入鹽或小蘇打及檸檬汁，然後用溫肥皂水清洗。

血漬

按照處理雞蛋汙漬的方法處理，但要盡量在血漬徹底變乾之前進行。

熨燙痕

可以試著將痕跡處浸入檸檬汁中 10 分鐘，然後用熱水清洗並在陽光下晾乾，利用檸檬和太陽的相互作用還原衣物原色。

瀝青

先將凝固的汙漬去掉，浸入檸檬汁中，撒上黏土粉刷洗。若是化纖材質，則將檸檬汁滴入水中，加少許葵花籽油混合均勻，以清潔布沾上此混合液擦拭汙漬處，最後沖洗晾乾即可。

霉斑

可將 1 匙太白粉、1 匙肥皂粉、1/2 匙粗鹽和 1 個檸檬的檸檬汁混合成膏狀，塗抹在霉斑處。晾乾後，第二天用大量清水沖洗。若是彩色衣物或較脆弱織物，可直接將檸檬汁灑在上面並放置片刻，讓檸檬汁中的抗菌、殺菌成分將霉斑中的真菌殺死。

墨水漬

如果是剛沾上的汙漬，可在汙漬處撒上粗鹽後再噴上檸檬汁；如果是陳舊性汙漬，可將衣物浸泡到檸檬水中或者直接用檸檬在汙漬處擦拭。

奶油漬

將衣物浸在加入檸檬汁的熱水中（汁與水比例為 1：5）。若是棉織品或者絲綢，可將檸檬汁加熱後直接塗抹在汙漬處，稍等片刻後清洗。

泥汙

將泥汙處徹底晾乾，大部分的泥汙就可以刷掉了，然後加入比例為 1：2 的檸檬汁肥皂水清洗衣物。

油汙

此時可將檸檬切為兩半，然後將檸檬切面放在汙漬處下方，再用燙斗熨汙漬。熨燙時，燙斗盡量與下方的檸檬充分接觸，汙漬就會消失。

鏽漬

可將檸檬汁與粗鹽混合後塗抹在織物上的鐵鏽處，停留幾小時後，用切開的檸檬在汙漬處擦拭。以上動作完成後，將衣物正常洗滌，並在太陽下晾曬，如此，汙漬便會在幾小時後消失。

汗漬

將衣物汗漬處放入檸檬汁中浸泡一整夜，然後洗滌。也可使用止汗噴霧讓衣物變硬，再將吸水紙放在變硬處，用熨斗熨燙，再用浸過檸檬汁的布擦拭掉黃斑，待晾乾後再按照正常程序洗滌。

紅色水果汁

最好盡快將汙漬處浸泡在檸檬汁中，靜待幾分鐘後沖洗，然後照正常程序洗滌。若是陳舊性汙漬，可將衣物浸泡在加入少許檸檬汁的乳清中一整夜，第二天取出清洗，然後正常機洗。

＊乳清是起司生產中，牛奶凝成凝乳塊後分離出的綠色、半透明液體。

潮濕水斑

將 30 克白肥皂粉、30 克太白粉、15 克細鹽和 1 個檸檬的汁混合成膏狀，在潮斑處擦拭即可。

紅酒漬

洗滌前，在汙漬處撒鹽，用肥皂和純檸檬汁搓洗。

原子筆筆跡

可用熱的純檸檬汁在汙跡處擦拭沖洗，筆跡就會魔術般的消失了！

螢光筆墨水

可立刻用廚房用紙巾盡可能地將汙漬吸乾，在汙漬處撒上粗鹽和檸檬汁放置幾分鐘，再用檸檬在汙漬處來回擦拭，正常洗滌即可。

衣領汙漬

可將洗潔精、氨水、檸檬汁和水，按照相同比例混合後噴在汙漬處，再用廢棄的牙刷輕輕刷洗，然後沖洗晾乾，就會有一個大的驚喜！

果汁髒汙

用稀釋過的溫檸檬水清洗汙漬，然後在汙漬處撒上粗鹽，放置30分鐘，
沖洗乾淨後在太陽下晾乾。

青草汙漬

剛沾上汙漬，可將檸檬汁滴在汙漬處，晾乾後按一般方法洗滌；對於
陳舊的青草汙漬，將衣物浸入熱水稀釋後的檸檬汁中，以溫水洗滌。

病菌

為了避免被布料中的細菌傳染，可將 2 毫升檸檬精油與 1 毫升歐洲赤
松精油混合，然後將床單被褥、針織品或棉織品浸泡洗滌。

去除異味

檸檬精油是一種強力的去異味劑,且在去除異味的同時,還可以留下清新舒爽的香氣。還等什麼?立刻使用檸檬作為家庭環保除臭劑吧!

家中空氣

在芳香器、噴霧器內滴入檸檬精油,香氣就會彌漫整個房間。若是家裡有壁爐,可將檸檬皮扔進壁爐中,讓整個客廳充滿沁人心脾的清香。

廚房

可將檸檬片放入鍋中蒸煮以消除異味;若是工作台,可在布上滴幾滴檸檬汁擦拭;若異味充斥整個廚房,可將 1 茶匙檸檬精油、1/2 茶匙柚子精油、1/2 茶匙香檸檬精油、25 滴檀香精油均勻混合,倒入噴霧瓶中在做飯前 10 分鐘噴灑。如果餐具器皿上留有難以去除的異味,可以用切開的檸檬擦拭。也可在使用過烤箱後,趁烤箱還有熱度時放檸檬皮,讓烤箱的熱氣蒸出檸檬的香氣,使香氣散布至整個廚房。

廁所

可滴 2 ～ 3 滴檸檬精油,放在洗手間或浴室,如此可以在 1 週內使空氣清新。(可每週重複此操作)

冰箱

將半個檸檬放在冰箱門上,就不用擔心起司和蘿蔔等氣味濃厚的食材給冰箱留下異味了。

洗碗機

在不使用時將檸檬皮放入洗碗機中即可。

PART 3

檸檬與美容

人們很早就開始用檸檬來美容，幾個
世紀以來，愛美的女性用它來美白、
防皺、去斑、緊緻肌膚、護理手部、
保養指甲及頭髮。其美容功效來自於
內含的活性物質，也正是這個原因，
在很多價格昂貴的品牌化妝品配方中
都可以發現檸檬的成分。

想買些好一點的化妝品，卻因為價格
太貴下不了手嗎？現在，你只要按照
下面的方法做，就可以在家中自製適
用全身的檸檬美容產品，不但物美價
廉，還保證不含任何添加劑！

# 面部護理

不需要太過繁瑣的步驟，只要透過簡單的步驟，就可以發揮檸檬的功效！透過檸檬的美白、清潔、抗菌、緊膚、醒膚、柔膚等功效，為肌膚增添光彩亮澤，讓自己容光煥發，展現好氣色吧！

問題皮膚的特殊護理法

1.卸妝： 徹底卸妝能幫助皮膚呼吸，並促進皮膚在晚間再生。可將同比例的檸檬汁和玫瑰水混合，然後早晚做卸妝水使用；也可在容器中加入同比例的檸檬汁、凡士林和甜杏仁油，將其混合作為卸妝油使用，這樣做能讓皮膚清潔的更徹底。

2.爽膚： 在徹底卸妝後，可在卸妝棉滴上檸檬汁擦拭面部及頸部，以去除卸妝時的殘留物，同時也可達到醒膚及收縮毛孔的效果。

3.控油： 用浸有檸檬汁和溫水的紗布擦拭長有粉刺和面部易出油的地方，待皮膚變乾後再塗抹保濕霜。溫水可以促使毛孔張開，促使檸檬中的有效成分滲入毛孔進行深層清潔。

4.去痘： 想為各種粉刺、痤瘡、囊腫、癤子消毒，讓它們盡快消失，可用沾有檸檬精油的棉花棒塗擦患部，每天堅持重複幾次，直至消失。若只想去除粉刺，可將檸檬片敷在粉刺上數分鐘，症狀就會大大減輕，甚至消失。

體驗心得

Valérie，16 歲：

檸檬真是太神奇了！將檸檬汁塗在青春痘上，只需一個晚上就消失了。如果第二天有約會或聚會的話，就在前一晚試看吧！

緩解各種肌膚問題

粉刺

檸檬所含的成分可防止皮膚發炎、收縮毛孔、平衡皮脂分泌物、快速去除粉刺留下的疤痕，對於治療粉刺、痤瘡和黑頭有很好的效果。過去，老人們習慣用一種檸檬凝乳來進行消除粉刺後的後續治療。凝乳的製作方法很簡單，在 500 毫升牛奶中加入 1 顆檸檬汁，然後用木勺不斷攪拌直至牛奶呈現糊狀。放置半小時後，可加入柑橘類花蜜或洋槐蜜。常溫下，每天可食用 2 次（例如：上午 11 點吃 250 毫升；下午 4 點吃 250 毫升），並持續食用至粉刺消失後的 1 個月。

脫妝

在早上化妝前，用沾有檸檬汁的化妝棉擦臉，尤其是鼻子和額頭區域。這樣檸檬就可以發揮緊膚的特性，避免皮膚整天出油，使彩妝更持久。

口紅掉色

要使口紅不輕易掉色且看起來更自然，可以用檸檬片輕輕擦拭嘴唇。因檸檬在促進血液循環的同時，也會使嘴唇看起來更加紅潤。

膿包

要使膿包軟化並減輕疼痛，可直接將檸檬果肉放在膿包處敷 8 ～ 10 分鐘。想要膿包盡快成熟，可將紗布浸在熱水中，撈出後滴幾滴檸檬汁，將其敷在膿包處。等到成熟，便將膿包扎破，用純檸檬汁進行消毒。

膚色黯沉

因檸檬清潔肝臟的作用，能使膚色改善，所以想使膚色顯得更加亮白，可在每天早上喝 1 杯溫檸檬水（持續 3 週），就會發現它的明顯效果。

膚色偏黑

想美白肌膚，可用沾有檸檬汁的化妝棉擦臉。

皺紋

檸檬含有大量維他命 C，能阻止老化的活性游離物。我們可藉此特性去皺，首先，將兩片檸檬放入木質容器中，將相同比例的鮮奶油和加熱過的牛奶混合後覆蓋在檸檬片上，再蓋上蓋子放置 3 小時。3 小時後，掀開蓋子，敷在臉上 30 分鐘，用濕布清潔乾淨。每天早晚各一次，連續數週，每週數次。油性皮膚可使用 4 片檸檬，乾性皮膚則只需 1 片即可，但需要將鮮奶油和牛奶的量加倍。

＊此處鮮奶油指的是一種黏稠微酸的乳酪。

褐斑

要使褐斑變淡，可將 50 滴檸檬精油和 500 毫升香精玫瑰植物油混合，用化妝棉將其塗抹在褐斑處。但此方法只適合晚上使用，因為檸檬精油非常怕光，在陽光下反而會產生無法消除的印跡。

老年斑

老年斑是由於黑色素的沉積而形成。檸檬內的阿爾法含氧酸（著名的 AHA）有促進細胞再生的功能，可淡化老年斑和減少皺紋。建議在每晚入睡前，用沾有檸檬汁的化妝棉擦拭有斑的位置。開始時可能會因

酸性物質感到針刺感，但幾分鐘後便會消失，連續使用 2 週都沒任何發炎症狀，那麼可改為 1 天 2 次。持續堅持下去，老年斑就會慢慢變淡。

面部紅斑
如果想去除紅斑，可每天用加入少許鹽的檸檬汁輕擦面部。

玫瑰痤瘡
想改善粉刺造成的酒糟鼻或留在臉上的痤瘡，可用 100 毫升甜杏仁油，50 滴檸檬精油，30 滴依蘭精油和 20 滴香葉天竺蘭精油混合後，每天晚上輕輕的按摩面部。

 # 自製檸檬美妝品

 ## 控油面膜

適用膚質：油性皮膚
材　　料：紅蘿蔔 1 根、檸檬 1 個
作　　法：

1 紅蘿蔔和檸檬榨汁後，將果汁和果渣混合，然後準備 1 張乾面膜紙或用紗布自製 1 張面膜。
2 混合後的紅蘿蔔和檸檬敷在面部然後蓋上面膜紙。
3 敷 20 分鐘後用水沖洗，再以沾有檸檬汁的化妝棉擦拭臉部。

TIPS
這款面膜可以輕鬆去除油性皮膚所引起的紅腫和粉刺。

🍋 日光乳液

材　　料：水 500 毫升、天然茶包 3 袋、檸檬 1/2 個（擠汁）

作　　法：

1 將水燒開後，沖泡天然茶包約 25 分鐘。

2 待冷卻後，加入檸檬汁，並在每晚洗臉後使用。

TIPS

使用這種乳液也可以讓皮膚呈現漂亮的小麥色。

🍋 潤唇膏

材　　料：蜂蠟或乳油木油 15 克、檸檬精油 1 滴

　　　　　甜杏仁油或西蒙得木油 10 毫升

作　　法：

1 在蜂蠟中加入甜杏仁油和檸檬精油，並放入蒸鍋內蒸化。

2 混合均勻後放涼，然後倒在小容器中用來滋潤唇瓣。

🍋 粉刺面膜

適用膚質：易起粉刺皮膚

材　　料：黏土 2 匙（美妝用），檸檬 1/2 個（擠汁）

　　　　　胡椒薄荷精油 2 滴、茶樹精油 1 滴

作　　法：

1 將黏土、檸檬汁、胡椒薄荷精油、茶樹精油混合。

2 避開眼部將面膜塗抹在 T 字部位，10 分鐘後用溫水沖洗。

保濕面膜

適用膚質：中性或乾性皮膚

材　　料：酪梨果肉 1/2 個、檸檬汁 1 匙、鮮乳酪 2 匙

作　　法：

1 將酪梨果肉，檸檬汁和鮮乳酪混合均勻。

2 塗抹在面部及頸部 20 分鐘後沖洗。

TIPS

· 該面膜無法長時間保存，需立即使用。

· 檸檬可用於乾性皮膚，因為它對表皮層有營養作用。其果肉
也具有保濕、收斂、軟化和抗皺的功效。

2 合 1 去角質面膜

材　　料：檸檬適量、蜂蜜適量

作　　法：

1 蜂蜜中加入數滴檸檬汁後，攪拌均勻。

2 用溫和潔膚產品洗臉，擦乾後取作法 1 一半量塗抹於面部。

3 在臉上敷 10 分鐘，可依皮膚狀況適當添加蜂蜜或檸檬汁。

4 在剩下的作法 1 蜂蜜中，加少許白糖製成去角質膏，塗在
面部輕柔按摩（此步驟視皮膚狀況每 1 ～ 2 週進行一次）。

5 最後用溫水清洗並塗抹保濕乳液。

TIPS

使用這款面膜，可以同時提亮膚色與去除黑頭。

曬後舒緩面膜

適用膚質：敏感皮膚

材　　料：全脂優格 1 盒、檸檬汁 10 滴、檸檬精油 1 滴

作　　法：

1 在全脂優格中加入檸檬汁或檸檬精油，並攪拌均勻。

2 塗抹在臉上敷 7 ～ 10 分鐘，然後再用水沖洗乾淨。

礦物清潔面膜

材　　料：綠色黏土 4 匙、檸檬汁適量

作　　法：

1 將 4 匙綠色黏土與適量的檸檬汁混合（混合成膏狀即可）。

2 在洗完臉後，將臉擦乾，然後塗抹此面膜。

3 敷約 25 分鐘，面膜未變乾前用加檸檬汁的溫水沖洗乾淨。

TIPS

此面膜需避開眼部周圍，可 1 週使用 2 次。檸檬可抗菌消毒，防止皮膚起痘，綠色黏土有控油作用，且可以補充礦物質。

補水面膜

適用膚質：中性或油性皮膚

材　　料：鮮乳酪 3 匙、蜂蜜 2 匙、檸檬汁適量

作　　法：

1 在一個大的容器中放入鮮乳酪和蜂蜜，並加入幾滴檸檬汁。

2 混合均勻後塗抹在面部及頸部，等待 20 分鐘後用水沖洗。

抗皺面膜

材　　料：蜂蜜 3 匙、檸檬數滴

作　　法：

1 在容器中加入蜂蜜和檸檬汁。

2 混合均勻後塗在面部及頸部 25 分鐘後用清水沖洗。

TIPS

此款面膜可以有效地使鬆弛的皮膚恢復彈性。

混合性皮膚面膜

材　　料：蛋黃 1 個、蜂蜜 2 茶匙、檸檬汁 1 茶匙

作　　法：

1 將蛋黃、蜂蜜和檸檬汁混合均勻。

2 將作法 1 塗抹在面部 25 分鐘。用溫水洗淨，並塗抹爽膚水。

緊膚面膜

材　　料：雞蛋的蛋白 1 個、檸檬汁 20 滴

作　　法：

1 將蛋白打發起泡後加入檸檬汁，混合時避免蛋白泡沫消失。

2 避開眼部周圍將面膜塗抹在面部。

3 待臉乾後，以化妝棉沾檸檬汁擦拭臉部

TIPS

此面膜有助於改善毛空粗大的問題。

檸檬清潔皮膚法

STEP 1

面部桑拿

要除黑頭，提亮膚色，最有效的是檸檬蒸臉法，因蒸汽可使毛孔張開並進行深度清潔。作法是將 500 毫升水燒開，加 10 滴檸檬精油、3 匙甜杏仁油混合均勻，再把混合液放蒸臉器添加盒內，啟動蒸臉器。在卸粧後用毛巾包住頭部，把臉放在蒸臉器前 10 分鐘，用柔軟毛巾將面部擦乾。

※ 蒸臉時要閉上眼睛，因檸檬精油有刺激性。

STEP 2

去除黑頭

蒸完臉後，只要用 1 張紙巾和兩個手指輕輕按壓就可以去除黑頭了。通過檸檬的薰蒸可以給皮膚殺菌消毒，不用擔心會產生紅腫。若沒有要進行去角質的步驟，可利用這個毛孔張開的機會敷上面膜，讓面膜中的活性成分滲入皮膚深處，達到更好的效果。

STEP 3

臉部去角質

可在容器中混合蓋朗德產的細鹽
（或白糖）和檸檬汁，塗抹在面部並輕
轉圈按摩，幾分鐘後用清水沖洗。這樣可
去除皮膚雜質，使皮膚更好地吸收面膜中的
活性成分。在進行此去角質步驟後不使用面
膜，要使用保濕乳液。因皮膚在去掉外皮
保護層後，會變得敏感而脆弱。

※ 蓋朗德為法國羅亞爾大西洋省
的一個市鎮。

STEP 4

敷上面膜

若沒有要去除角質，可以在去除黑頭
的步驟結束後，直接使用面膜。除了使
用市面上購買的面膜外，讀者可參考本章
的面膜作法，自製最天然、最有效的面膜；
如果已買了市售面膜，也可以直接在使用的
面膜（面膜泥或其他）中，直接加入 1/4
個檸檬的汁或 2 滴檸檬精油，這樣做可
以使面膜的效果大大增強！

 # 身體護理

檸檬清新的味道可以讓精神和身體都為之放鬆，試試以下的檸檬用法，做一次身心靈 SPA 吧！

 ## 提神浴

若感到疲勞，可將 10 滴檸檬精油和 5 滴薰衣草精油滴入沐浴用中和液中，再將混合液倒入浴缸沐浴 20 分鐘，沐浴後無需沖洗，但請盡量保持溫暖。中和液可促使精油在水中溶解，在藥店或芳香療法店中就可買到。

 ## 身體去角質膏

給身體去角質可避免毛髮因毛孔堵塞而停止生長。簡易去角質膏作法是將適量細鹽和檸檬汁混合形成膏狀體，塗抹在皮膚上並輕輕按摩。輕鬆、簡單就讓皮膚變得柔滑細膩。

 ## 按摩油

將幾滴薰衣草精油加入 200 毫升橄欖油，再加入半個檸檬的汁。享受一次按摩，就可獲得精神和身體的放鬆。

 ## 清爽沐浴乳／露

在日常使用的沐浴乳中加入幾滴檸檬精油，充分混合均勻後使用，一天都會感到清爽。

活力香水

直接在古龍水中加幾滴檸檬汁，即完成自製清新活力香水。

性感沐浴乳／露

在平時使用的沐浴乳中加入 8 滴檸檬精油和 1 滴胡椒薄荷精油，男士們會非常喜歡這種清爽的味道！

潤膚劑

想改善肘關節、膝蓋、腳後跟的皮膚粗糙問題，可在每天洗完澡後，將檸檬切成兩半，擦拭皮膚粗糙處幾分鐘。如此，檸檬中的軟化成分，就會使皮膚變得如絲綢般潤滑。

汗臭除味劑

腋下經常出汗而產生異味嗎？不用擔心，只要將檸檬切開後擦拭異味處即可解決這個問題，而且，此方法也適用於由腳汗引發的異味。

去除妊娠紋油

產後往往會有妊娠紋，當體重增加，妊娠紋就會變多！要預防妊娠紋的形成，可將 10 滴檸檬精油與 25 毫升酪梨油混合後塗在腹部、胸部及大腿等部位。這麼做，會讓皮膚會更有彈性，減少因皮膚皴裂而產生的妊娠紋；如果妊娠紋已形成，可將檸檬精油與香精玫瑰油混合後塗抹在相應部位，視情況持續幾週或幾個月時間。

 頭髮護理

善用檸檬就能讓秀髮變得柔亮有彈性！只要在洗髮精中加幾滴檸檬精油就可改善頭髮出油的問題；想讓栗色的頭髮變淺或使暗淡的髮色變得有光澤，可將檸檬汁溶於少量水中並塗抹在頭髮上，在太陽下等待片刻，檸檬中強感光性的酸性物質，會使頭髮在陽光照射下變淺。如果是棕色頭髮的人按照以上方法做，有可能讓頭髮變成橙色呢！一起自製最天然的檸檬護髮商品，好好呵護美麗的秀髮吧！

檸檬洗髮水

材　　料：檸檬 2 個、溫水或涼水 1 公升

作　　法：

將 2 個檸檬壓榨後倒入 1 公升溫水或涼水中沖洗頭髮。

TIPS
・注意要在正常洗髮過程的最後一遍沖洗時使用。
・檸檬可去除所有使頭髮失去光澤的物質，如護髮素殘留，水中的雜質等，從而使秀髮恢復活力。

營養洗髮精

材　　料：馬賽肥皂 2 匙、橄欖油 1 匙、蛋黃 1 個
　　　　　檸檬 1 個（擠汁）

作　　法：

1 天然馬賽肥皂切絲或搗成粉末，並取 2 匙的量使用。

2 將馬賽皂倒入容器中，與橄欖油、蛋黃、檸檬汁混合均勻。

3 將其塗抹在濕潤的頭髮上，並輕輕按摩 15 分鐘後沖洗。

TIPS
頭髮乾枯時可重複使用。

防乾枯髮膜

材　　料：酪梨果肉 1/2 個、橄欖油、檸檬汁 1 匙

作　　法：

1 將酪梨果肉中加入幾滴橄欖油和檸檬汁後混合成膏狀。

2 將此混合膏在使用洗髮液前塗在頭髮上，待半小時後再繼續洗髮流程，這樣洗過的頭髮會柔潤順滑且有彈性。

TIPS

定期按照此方法就可以改善頭髮乾枯狀況，如頭髮有開叉現象則頻率為 1 週 1 次。

雞蛋護髮素

材　　料：雞蛋黃 1 個，橄欖油 2 匙、檸檬汁 2 匙

作　　法：

1 將蛋黃、橄欖油和檸檬汁混合均勻。

2 塗抹在頭髮上並輕輕按摩幾分鐘後沖洗。

TIPS

若不習慣雞蛋的腥味，可在作法 1 加入 1 匙蘭姆酒。這樣做不但能去除腥味，也能使頭髮更有彈性。

去屑抗油髮膜

材　　料：優格 1 盒、檸檬精油適量

作　　法：

將幾滴檸檬精油加入優格中混合，然後塗抹在頭髮上，停留十幾分鐘後沖洗乾淨。

TIPS

這種髮膜可平衡頭皮的油脂分泌。

齒齦護理

牙齒的日常美白

每週用新鮮的檸檬汁刷 2 次牙，不要太頻繁，否則酸性會腐蝕牙齒表面的保護層。刷洗時，力道不能過猛，最好輕輕刷洗牙齦，如此牙齦會慢慢變紅，牙齒也會顯得更白，且維他命 C 可以使其更加堅固。

去除陳年牙漬

在容器中將 75 克小蘇打和 1/2 個檸檬的汁混合。每天早上刷牙後，用此混合物再刷一遍，就可以去掉陳舊性牙漬，使口氣清新。此種方法可連續使用 1 週。

改善牙齦敏感

如果有牙齦敏感、刷牙時容易出血的問題，可將 5 ～ 10 滴檸檬精油與 1 茶匙橄欖油混合，用手指沾取混合液後輕輕按摩牙齦。

指甲護理

促進指甲再生

要促進斷甲再生，可每天將指甲浸入檸檬汁或直接將指甲插入切開的半個檸檬中停留 10 分鐘，持續 10 ～ 15 天。

恢復指甲健康

若指甲有裂紋易斷，可每天將指甲放入滴有橄欖油的溫水中 5 ～ 10 分鐘，用檸檬汁擦拭按摩，漸漸的指甲就會變得堅固而有光澤。也可將 1 毫升檸檬精油和 5 毫升蓖麻油混合，每次用 10 滴混合液按摩指甲。

亮白指甲

快速簡單的指甲美白方法，不需要任何器具，只須用 1/4 個檸檬擦拭指甲。短短幾秒鐘，指甲就會變得乾淨漂亮。經過一段時間後還會變得堅固。

吸煙引起的黃指甲

只需用檸檬汁擦拭指甲，即可消除尼古丁造成的指甲變黃現象。

手部護理

手部皺裂

手部皮膚皺裂往往很痛且又很難治療，此時可在容器中倒入 2 匙橄欖油、2 匙黏土粉和 1 個檸檬的汁，混合成膏狀後塗抹在手部，停留半小時後再清洗。每週使用一次，就能幫助解決冬季手部皺裂狀況。

手部皺紋

長期泡在水中，經常會產生手部皺紋，此時可試著用檸檬汁按摩解決手部皺紋問題。

 ## 去除手部異味

做飯時經常會在手上留下魚、洋蔥或大蒜等異味，且不易消除。在這種情況下，可用切開的檸檬擦拭雙手，再用冷水沖洗乾淨。

＊須避免使用熱水，因熱水反而會將氣味留在手上。

 ## 去除手部髒污

將平時收集的肥皂頭放入容器中，加入 1 個檸檬的檸檬汁，並倒滿開水，充分混合後加入 5 毫升甘油（藥店有售），即完成洗手乳。

 ## 軟化手部皮膚

將 1 茶匙檸檬汁與 1 茶匙橄欖油混合，並加入 2 茶匙蜂蜜和 1 個雞蛋黃。將材料充分混合後即成濃稠液體，將此液體塗在手上並停留 20 分鐘，再用肥皂水沖洗，就可以使皮膚變得細膩。

＊另外，也可按照相同比例混合檸檬汁、甘油和古龍水。

 ## 滋潤乾燥手部

冬季時，經常會有手部乾燥的問題，此時，可將 10 滴檸檬精油和 1 匙甜杏仁油混合後塗在手部。

 腳部護理

 水泡

如果需要走長路，可用 1/2 個檸檬在腳上和鞋子內部擦拭，避免腳部過度摩擦產生水泡；如果是腳部易起水泡的人，可把檸檬汁和樟腦汁混合，然後塗抹在腳上，再塗上腳部保濕霜，這樣做可以使腳部皮膚變得緊實，就比較不容易起水泡；如果不幸長了水泡，想把水泡弄破，可以用打火機給針頭消毒，扎破水泡後用檸檬汁消毒，以避免感染。

 厚繭

可先用熱水泡腳，並用銼腳石將長繭部位打磨平整，再用半個檸檬擦拭，最後使用保濕霜或甜杏仁油按摩厚繭處，使之軟化。

 雞眼

把 6 片阿斯匹靈溶於 15 毫升水和 15 毫升檸檬汁中。將此混合後的膏狀物塗於雞眼處，然後用保鮮膜將腳包住，再用熱毛巾包在保鮮膜外部。此時熱毛巾所產生的熱氣，能幫助混合物中的活性物質滲透進皮膚變硬的組織中。等待 15 分鐘後，取下毛巾及保鮮膜，並用銼腳石在雞眼處打磨，死皮及硬皮就可以輕鬆去除了。

 腳汗

腳汗和腳臭問題經常讓人鬱悶？試試這個簡單經濟的方法吧，作法是在 2 公升熱水中放入 2 小袋茶葉和 2 個檸檬的檸檬汁。水涼後泡腳15 ～ 30 分鐘，並立即擦乾。連續操作 3 ～ 4 天，保證有效！

＊茶葉中的丹寧成分和檸檬一起作用，可以緩和腳汗狀況。

PART 4

檸檬與健康

毋須在藥店中精打細算，檸檬可幫你
搞定許多健康問題。它所含有的活性
成分，可以增強免疫力、促進消化、
加速循環、增加活力、補充礦物質、
治療貧血等。

它也可以作為殺菌劑使用，無論是外
用還是內服，檸檬都可以幫助解決日
常生活中的一些小毛病，甚至可以代
替很多藥品。

檸檬與瘦身

檸檬每 100 克中僅含有 19 大卡熱量,還擁有抗氧化和助消化成分。其強大的腸道清理功能,可促進腸蠕動,燃燒脂肪,減輕飢餓感,並分解油脂和糖分!是唯一可以盡情利用,而不須考慮節制的食物。

你可以在節食減肥期間,全天食用,讓它出現在每一道菜肴中!集眾多好處於一身的檸檬,是好萊塢明星們唯一共同使用的瘦身食品,更是減肥不可或缺的好幫手!

檸檬的瘦身原理

幫助排毒

對於日常生活中由於壓力、汙染、缺乏運動及飲食油膩而產生的身體毒素,檸檬可成為解毒的首選!檸檬中含有的解毒利尿成分,可幫助毒素和細胞中的脂肪細胞排出並留住水分,在淨化消化系統的同時給身體排毒。

所以,要促進腎臟功能,幫助腎臟排毒,達到保持身材或瘦身的效果,可以嘗試每天喝 8 ~ 10 杯「瘦身檸檬飲」,或是在每天早餐的前半小時,空腹飲用 1 杯新鮮溫檸檬水。當然,可根據個人喜好自製各種口味,例如使用涼水或熱水,茶水或者橙汁。

檸檬所含的維他命 C,還具有活性及刺激性,能充分促進新陳代謝,消耗體內更多熱量;怡人的香氣增添在水中,也使人更樂於喝水!瘦身效果最好的檸檬水配比是 1:2,且盡可能地少放糖,也就是說 1/3 個檸檬的汁加入 2/3 的水。

*讀者也可以試試下一小節中的「檸檬汁持續療法」。

補充礦物質

在上午 11 點和下午 4 點時，人們較容易感到飢餓，此時只要喝 1 杯檸檬水就可以恢復精力，趕走飢餓感！因檸檬富含的礦物質和微量元素，可以降低減肥期間的無力感。

燃燒脂肪

檸檬是天然的脂肪燃燒劑，它可以充分分解並去除積存在體內的糖分和脂肪，其中的維他命 C 更可以加快新陳代謝、平衡血糖，阻止糖分以脂肪的形式在體內沉積。

所以想恢復完美身材的讀者，可利用檸檬的此項特性，在每道菜中灑上檸檬汁、每天飲用特製檸檬水、在大餐後喝 1 杯檸檬水，或是直接飲用未稀釋過的鮮榨檸檬汁（這樣可保證維他命 C 不被破壞）。

控制食慾

檸檬中含有的果膠和纖維，與胃液作用後會產生凝膠，可產生飽腹感，進而達到抑制食慾的作用。此外，果膠還可以阻止糖分的吸收，並在 4 個小時內趕走飢餓感。想要控制食慾，趕走飢餓感的讀者，可以試試以下作法：

1.如果想盡可能多的攝入果膠，趕走飢餓感，那麼可以多吃檸檬果肉，因為果膠主要存在於果肉中。

2.在餐前飲用一大杯稀釋的檸檬水，這樣可以減少飯量。

3.如果感到非常飢餓，那麼聞一聞檸檬精油，食慾就會神奇地消失。

4.可在每餐中加入 1～2 茶匙檸檬汁，如此不但能去除糖和脂肪，還能減低菜餚中卡路里的密度、平息飢餓感從而控制食慾。

促進消化

檸檬中含有的檸檬酸，可以有效地促進胃部活動及胃液的分泌，幫助消化食物中的蛋白質，所以只要滴幾滴檸檬汁在任何食物上，都有助於消化。除此之外，檸檬中的纖維還可以促進腸蠕動，排出腸內垃圾。如果有便祕或感到腹部脹氣，那就試著用檸檬吧！

日常飲食過於油膩或過甜，容易導致消化不良、肝臟負擔加重、脂肪無法燃燒，此時可以將檸檬汁滴在食物上，或者將檸檬皮切成細絲加入菜肴中；若想減輕肝臟負擔，可在清晨起床時喝 1 杯熱的鮮榨檸檬汁，或熱的檸檬水，促進膽汁分泌，淨化肝臟，為消化食物做準備，而且如果堅持每天早上空腹飲用，皮膚也會變得亮白喔！

 # 檸檬減肥法

檸檬飲食法

此法是以身體排毒為基本原理，將檸檬與其他具有減肥、排毒和治療效果的食物結合，配合健康清淡且多樣化的飲食，不但可以促進身體排毒、亮白皮膚，還可達到一週內瘦身 3 公斤的效果。

檸檬禁食法

此法在英語中被稱為「淨化主人斷食法」或「檸檬斷食法」，是以身體排毒為基本原理，在減肥期間只允許喝檸檬飲品的著名減肥法。通常一個療程至少要做滿 10 天，在 6 天內就可以減掉 5 公斤，且在禁食期結束後，會感到神清氣爽，思維活躍，更容易集中精力，消化系統運行良好，皮膚亮白，整個身體達到最佳平衡狀態。

但因作法較激進，若決定採取此方法減肥，建議在開始前先諮詢醫生。檸檬斷食法具體作法是在 1.5 公升熱水中加入 10 匙鮮榨檸檬汁，10 匙楓樹糖漿和一小撮辣椒粉。攪拌均勻後在一天的任何時候飲用。配方中的三種配料，都有其特殊的作用，楓樹糖漿可以提供排毒過程中的能量；辣椒粉能促進新陳代謝，加速毒素排出；檸檬可以促進體內清潔過程，排出體內過多油脂。

檸檬汁持續療法

這種療法可以最大程度地發揮檸檬的許多治療功效，且作用持久。作法是每天早上起床時，喝 1 杯純檸檬汁，無需稀釋，且檸檬的成熟度要好。

開始時，每天用半個檸檬，兩天後慢慢增加，直到將總量控制在一天 7 個檸檬，然後連續幾天飲用 7 個檸檬，再慢慢減量直到變成一天 1 個檸檬。

＊此療法一年可使用 2 次，它對於病後恢復，各種疼痛、痔瘡和循環系統疾病都有很好效果。

自製檸檬瘦身品

排毒浴浴劑

如果感覺到身體需要放鬆，或者換季時身體需要排毒，可將 2 ～ 3 個檸檬的汁加上檸檬皮放到浴缸中泡一個舒服的熱水澡。沐浴時間應在 20 分鐘以上，以確保檸檬中的活性成分充分滲透進血液中。

排毒飲料

在 1 杯黃瓜汁中加入 1 匙綠檸檬的汁和 1 茶匙蜂蜜，一天可多次飲用。

瘦身甜食

取 1/4 塊糖，滴上 1 滴檸檬精油和 1 滴刺柏精油當作甜食食用。這種精油混合後產生的味道可抑制飯前的饑餓感，也可在用餐時抑制食慾，但最好在早上或下午 4 點前食用。

瘦身精油

將 1 毫升檸檬精油，3 毫升刺柏精油和 3 毫升鼠尾草精油混合，用餐時取 2 滴，與 1 匙橄欖油混合。（也可用來製作醋味調味汁）

檸檬洋甘菊茶

每晚用開水沖泡 2 粒（約 5 克）洋甘菊和 1 個檸檬（切片）。然後將容器蓋上蓋子放置一夜。第二天早上，將其過濾後空腹飲用，堅持下去體重就會一點一點下降！

除橘皮組織劑（橙皮脂肪）

可利用檸檬利尿特性，在每天早餐前 30 分鐘，空腹飲用 1 杯檸檬水，幫助身體排出水分，消除水腫，進而消除橘皮組織。除此之外，也可嘗試自製以下 4 種妙方，達到去橘皮組織的效果：

1. **咖啡因緊膚露**：許多含有咖啡因的瘦身霜都可以來幫助清除脂肪、緊致肌膚。而加入檸檬的自製去橘皮組織緊膚露，更可以大大的增強這種效果。作法是在 500 毫升黑咖啡中加入 1 個檸檬的檸檬汁，然後倒入有蓋的容器中，蓋上蓋子充分搖動使其混合均勻，並放置 24 小時。使用時只須將其塗在需要的部位，肚子、臀部、大腿，並按摩即可。使用完畢後，建議將其放入冰箱冷藏室保存，保存期限約為 1 週。

2. **沐浴後滋潤油**：每天洗完澡後，在有橘皮組織的部位塗抹檸檬汁和橄欖油的混合液，並輕輕按摩直至充分吸收即可。

3. **速成檸檬精油**：用 1 匙西蒙得木油與幾滴檸檬精油混合，然後每天早晚塗抹在需要的部位，這樣做可緊緻因為橘皮組織而變得鬆弛的皮膚組織。

4. **香薰按摩精油**：在 100 毫升的容器中，加入 94 毫升的摩洛哥堅果油、1 毫升蠟菊精油、2 毫升刺柏精油和 3 毫升檸檬精油，混合均勻後即可使用。如果想達到最佳效果，可在沐浴前使用，因沐浴時的熱水可以使檸檬的活性成分更好地進入血液循環系統中，從而作用於橘皮組織處。

＊如果在沐浴中用此混合精油按摩，以手配合擠壓捏緊皮膚，效果會更好。

日常保健妙用

 ## 減輕暈船症狀

在 5 毫升的容器中,以相同比例混合檸檬精油和胡椒薄荷精油。取 1 滴此混合液與 1 匙蜂蜜配 1 塊糖或 1 片麵包食用,一天中任何時間均可使用,直至症狀消失。

 ## 抑制噁心感／治療暈車／減輕孕期嘔吐

將 2 滴檸檬精油滴在 1 塊糖上,含入口中,噁心的症狀就會消失。因為這種方法對孕婦無害,所以它也可以用來治療懷孕前 3 個月產生的痙攣嘔吐。

 ## 去除腸道寄生蟲

可壓榨 1 個檸檬的汁飲用。再將果皮,檸檬籽等剩餘部分搗碎,浸入薰衣草蜂蜜水中 2 小時。過濾後,每晚睡前飲用,持續 1 週。或是空腹時先吃 1 塊糖,待 5 分鐘後喝下 5 顆大蒜膠囊與半杯檸檬汁的混合液。如有需要,第二天可重複操作一次。也可以空腹飲用 1 匙檸檬汁、1 匙油和 1 匙白糖的混合液,連續飲用 10 天。此外,連續飲用 1 週熬製檸檬飲品同樣也對去除腸道寄生蟲有效,作法是將 2 個檸檬的汁擠入熱茶中,視個人喜好,可再加入 1 茶匙蜂蜜調味。

 ## 緩和雷諾氏病

將檸檬精油、不凋花精油、乳香黃連木精油各 5 滴,加入 10 毫升甜杏仁油後混合。取幾滴加入 34℃～ 36℃的溫水中泡腳 10 分鐘後擦乾,再用此混合液按摩手腳。

 皮疹止癢

用檸檬汁或果皮內部擦拭皮疹處。

協助治療皰疹

用棉花沾上檸檬汁直接塗抹皰疹處，盡量使用多次。

緩和曬傷

將蜂蜜與檸檬汁按照相同比例混合後塗抹在曬傷處，這樣做可以減輕疼痛和避免皮膚起泡。

緩解濕疹

將檸檬汁與橄欖油或甜杏仁油以 1：2 的比例混合後，用紗布塗擦患處。

消腫塊 / 挫傷

將 1 塊沾有檸檬汁的冰紗布放在腫塊或挫傷的部位，腫塊便會很快消失。冰紗布不用放進冷凍庫，只需在使用前將紗布放入冰箱的冷藏室冰一會便可。

蚊蟲叮咬後止癢

被蚊蟲叮咬後，用 1 片檸檬片塗擦，癢痛感會神奇地立刻消失，也可以避免為了抓癢導致皮膚出血的情況。

減輕吞氣症／打嗝

可在 5 毫升的容器中，以相同比例混合檸檬精油、胡椒薄荷精油和龍蒿精油。每餐後將 1 滴混合液與 1 茶匙蜂蜜混合飲用，或滴在麵包上食用，直到症狀改善。此外打嗝時只需滴一滴檸檬汁在舌頭上即可解決問題。此方法也適用於嬰兒！雖然非常酸，但症狀可馬上消失！

緩和風濕疼痛

每天清晨喝 1 杯紅蘿蔔檸檬汁。如果可以，最好用 1 個紅蘿蔔和 1 個檸檬用攪拌機自製。若時間不夠，也可以買超市裏現成售賣的。也可用檸檬汁塗擦患處，或用膠布將浸有檸檬汁的紗布固定在患處。

減輕牙齦出血現象

如果刷牙時，牙齦經常出血，可以每天用 1 塊檸檬皮的果皮內裡，擦拭牙齒內部幾分鐘，幾天後牙齦出血的現象就會逐漸減輕。將檸檬與水以 1：2 的比例調和成檸檬水漱口，也可達到效果。

止住鼻血

將一球浸有檸檬汁的棉花放入鼻孔中，並用手指輕輕按住鼻翼。維持此動作，並將脖子向後仰或平躺幾分鐘。出血止住後，讓棉花在鼻中多停留幾個小時。如果經常流鼻血，最好配合檸檬汁持續療法。

＊參見第 63 頁。

幫助酸鹼平衡

現代人飲食結構不平衡，造成身體的酸化及礦物質流失。身體因缺乏礦物質，反過來消耗自身儲備的礦物質（尤其是儲存在骨骼中的礦物質），最後導致骨質變弱、疏鬆的風險。要避免這種不好的循環，須多加攝取鹼性食物，而檸檬雖然味道是酸的，卻是很好的鹼性食物和身體酸鹼平衡劑。它可以用來中和酸性飲食，只要在食用肉類或魚類等酸性食物時，擠入檸檬汁，就可以發揮酸鹼平衡的效果。

保護胃黏膜

一般人經常認為檸檬是酸性的，所以在發生胃酸時避免食用檸檬。但事實並非如此，檸檬反而能保護胃黏膜，促進肝臟和胰腺功能，從而抑制胃酸的發生。

作法：將 2 片檸檬片和 40 克洋甘菊用 1 公升滾水沖泡 15 ～ 20 分鐘，過濾後飲用。如果要加入蜂蜜調味，建議用有助消化作用的洋槐蜜。
＊如果有胃酸症狀，建議每餐喝 1 杯。
＊如果飲用後胃部有灼熱感，那說明食物中含有過量的澱粉。

Christine，37 歲：
檸檬，是我的胃壁保護藥！ 一直以來，我都有胃酸過多的問題，而且經常會胃痛。看了許多醫生都沒有找到解決方法和原因，醫生總是說我是由於壓力和緊張引起的，也開了很多抗胃酸藥物，但效果都不明顯。直到一個朋友提供了在三餐前喝半個檸檬的汁的妙方，才解決了我的胃酸問題，而且自那次後就再也沒有出現消化問題了。

改善血液循環

檸檬與阿斯匹靈一樣可以促進血液循環,但卻不會像阿斯匹靈一樣造成鼻血不止的情況,也不會引起過敏。

另外,它也可以緩解腿部酸脹無力、減少動脈壓力、改善血液循環及血液質量,給身體細胞足夠的養分、加快受損血管癒合,並規律地供給身體正常運轉所需的足夠營養、堅固靜脈血管壁,給心臟增加活力。

深度治療:將2滴檸檬精油和半茶匙橄欖油,搭配1塊糖或麵包片食用,每天2次,每月施行20天。

沐浴療法:將5毫升柏樹精油和10毫升檸檬精油加入100毫升中性沐浴乳中。取1匙此混合液沐浴,建議水溫為38℃,不要太熱。沐浴至少10分鐘以上,然後再用40℃熱水和20℃涼水從腳部至心臟位置自下而上淋浴。如果可以忍受,可以淋滿全身,如果無法忍受,至少要到達大腿位置,每兩天進行一次。

按摩療法:如果在步行一天後覺得腿部酸脹或疼痛,或在夏天出現腳腫情形,那可能是血液循環出現了問題。此時,可將10毫升檸檬精油和100毫升瓊崖海棠油(Tamanu oil)混合後從腳跟至大腿進行按摩。

茶飲療法:用紅葡萄茶包和北美金縷梅茶包泡茶,並加入1茶匙蜂蜜和2滴檸檬精油。

預防貧血

維他命 C 可以提升人體 30% 的鐵吸收率，因此在食用含鐵量高的食物時，別忘了加入檸檬。可在食用如貝殼類、紅肉、肝臟類、扁豆、雞蛋、菠菜等含鐵量高的食物時，加入些許檸檬，或是直接將檸檬汁擠在食物上。若不想影響食物風味，也可以另外喝 1 杯檸檬類飲品。

 ## 緩解動脈硬化症

檸檬具有控制血液中膽固醇含量，保護動脈的作用，故對動脈硬化症有一定的作用。

作法：壓榨 3 個新鮮檸檬的汁，並將其加入半杯礦泉水中，每天早上空腹飲用。以 7 天為一個療程，然後停止 7 天，再飲用 7 天，這樣持續 3 個月。

＊可加蜂蜜調味，因為蜂蜜也有控制膽固醇含量及保護動脈等作用。

 ## 降低膽固醇

檸檬中含有的維他命 C、可溶性纖維、類黃酮和檸檬烯等物質，可以幫助降低膽固醇，預防心血管疾病。膽固醇過高，可盡量多喝檸檬飲品或將檸檬滴在菜肴中食用；也可每天早上空腹飲用 2 個檸檬的檸檬汁加入蜂蜜（檸檬汁不需稀釋）。

防治尿道系統感染

檸檬的殺菌作用可以為尿道、膀胱和腎臟殺菌消毒，因此可以預防治療膀胱炎和滴尿症。讀者可在家自製檸檬果皮茶後，加入山花蜜調味，並在尿道感染期間飲用。

 ## 檸檬果皮茶

材　　料：檸檬果皮 80 克、廣口瓶 1 個、水 2 杯、山花蜜適量
作　　法：

1 將 80 克檸檬果皮切成小塊，放入廣口瓶中。
2 在瓶中倒入 2 杯開水，密封 15 分鐘。
3 打開瓶子，過濾出果皮後飲用，可加適量山花蜜調味。

TIPS
・ 山花蜜也推薦給有呼吸系統疾病的讀者使用，可加可不加。
・ 咽炎、耳炎、支氣管炎、流行性感冒、傷風感冒或鼻炎等耳鼻喉系統疾病，皆可配製檸檬果皮茶，全天隨時飲用，

 # 改善脹氣問題

檸檬中的檸檬酸可幫助消化食物中的蛋白質，所含的纖維也可促進腸蠕動，排出腸內垃圾。晚上，用 5 克洋甘菊泡茶，然後將 1 個檸檬切片後放入，再將其倒入密封容器中靜置 1 晚。第二天早上，過濾後空腹飲用。或是每天早晚飲用檸檬果皮茶，連續飲用直至症狀消失。

🍋 止瀉

由於檸檬的收斂作用和殺菌作用，它可以消除引起腹瀉的感染源。

作法：在常溫下將 1 個綠檸檬的汁加入 1 杯礦泉水中。將 5 滴檸檬精油搭配 1 塊糖或麵包食用，腸胃會很快恢復正常。

＊為防止由於抗菌素引起的腹瀉，在使用上述方法時需配合食用藍莓、蒜和檸檬汁等食物。

🍋 燒燙傷止痛

檸檬有消毒傷口，促進傷口癒合的作用。不慎燒傷後，馬上用冷水沖洗傷口處 5 ～ 10 分鐘，然後將 3 個檸檬的汁加入 1 碗冷水中，調和均勻後輕輕塗抹在傷口處。

🍋 減輕肝臟負擔

飲食過油或過甜，容易造成消化不良，進而增加肝臟負擔，使脂肪無法燃燒。檸檬可幫助消化蛋白質、促進腸蠕動並排出腸內垃圾，從而減輕肝臟負擔。

檸檬汁療法（預防）：每天早上，在 1 杯溫度接近體溫的礦泉水中，加入 3 個鮮榨檸檬的檸檬汁，於早餐前 30 分鐘空腹飲用（連續 7 天）。喜愛甜味的讀者，可以在檸檬水中加入蜂蜜調味，因為檸檬汁和蜂蜜的組合對於膽汁分泌有很好的促進作用。

迷迭香檸檬精油茶：如果覺得飲食太油膩，或者發現膚色暗沉，可以試試此種方法，作法是在每天早上沖泡 1 杯迷迭香茶，並於其中加入 1 滴檸檬精油和 1 茶匙蜂蜜。

檸檬熱飲（治療）：在連續幾頓大餐之後，最好使用這種茶飲來為肝臟排毒，因為檸檬可以有效地刺激消化酶的產生。其作法很簡單，只要將 2 個檸檬的汁擠入熱茶中，並堅持飲用 10 ～ 20 天即可。

肝部按摩精油：如果有消化不良，飲食過度，或者是肝部疼痛的症狀，可將 5 毫升甜杏仁油、10 滴迷迭香精油，10 滴檸檬精油和 5 滴薄荷精油混合後按摩肝部（右下腹部處）。

＊若想使用蜂蜜調味，建議使用山花蜜、松蜜或洋槐蜜，或是可以刺激膽囊工作的迷迭香蜜。

 ## 舒緩腸胃炎

檸檬中的檸檬酸對於腸胃炎的治療較為有效，但它也可以刺激胰腺、清潔肝臟，為整個消化系統殺菌。

作法：可自製檸檬果皮茶飲用，幫助身體在最短的時間內恢復狀態。
＊檸檬果皮茶作法可參見 72 頁。

 ## 預防哮喘／花粉熱

檸檬可以很好的預防哮喘，因它所含的抗炎、抗過敏的類黃酮物質可以減少哮喘的發作！若處於過敏環境中，可將 3 滴檸檬精油與 1 茶匙

蜂蜜溶於百里香茶或黑醋栗茶中，每天飲用 2 ～ 3 次。或在平日即噴灑檸檬精油於房間中，淨化房間空氣，減少汙染物或細菌的吸入。

呼吸道及皮膚過敏

檸檬含有抗過敏黃酮類物質和抗炎物質，特別是槲皮酮，可以緩解炎症、花粉熱。患病時，直接在鼻孔內滴入幾滴檸檬汁，然後深呼吸，可以消除整個耳鼻喉系統的炎症。

緩解氣管炎

檸檬所含的成分，有助於緩解支氣管炎。可於每次咳嗽時滴幾滴檸檬汁在 1 匙蜂蜜上，然後食用。平時也盡可能的經常飲用加了檸檬汁的熱蜂蜜水。

避免著涼

維他命 C 可增強免疫力，所以也可以預防著涼。淋雨或著涼時，可立刻喝 1 杯熱檸檬水，以避免感冒。

退燒

檸檬有發汗的功效，可以退燒。讀者可以在家將 2 個檸檬的汁擠入熱茶中，若覺得味道不習慣，可以加入 1 茶匙蜂蜜調味。

舒緩傷風感冒症狀

檸檬的抗菌殺毒作用，可以舒緩傷風感冒的症狀。依據不同症狀，可使用不同方法。例如：每天飲用 2 次「檸檬果皮茶」，持續 1 週。
*作法參見第 72 頁。

初期症狀：喝 1 杯熱檸檬水，並加入 1 茶匙蜂蜜。

發作期：在感冒嚴重時，可將 1 個檸檬的汁、1 克維他命 C 粉、1 瓣大蒜搗成蒜蓉，與適量迷迭香蜜混合，用熱水沖開後飲用，每天 2 杯，直至痊癒。

啞嗓／失聲：壓榨半個檸檬，加入 1 匙蜂蜜後用溫水沖開後食用。

鼻水不止：直接在鼻孔中吸入 5 滴檸檬汁，第一次可以用稀釋過的檸檬汁，再用純檸檬汁，每 3 小時一次，每天 5 次，一直堅持此方法，直至感冒痊癒。須注意，用鼻子輕輕吸氣，用嘴呼氣時，可能會有灼燒感，此為正常現象，說明著檸檬正在發生作用。

打噴嚏、流淚：在兩個鼻孔中各滴入 1 滴檸檬精油，可消除打噴嚏和流淚症狀。

鞏固治療：將 5 毫升檸檬精油和 5 毫升羅文莎葉（桉油樟）精油混合後，取 2 滴混合液與 1 茶匙蜂蜜配合食用，每天 4 次，持續 1 週。

減輕流行性感冒症狀

檸檬的抗菌殺毒作用，可以使感冒症狀好轉。

作法：將 1 個檸檬的汁放入開水中，加入蜂蜜，喝下後好好休息。
將檸檬精油，尤加利樹精油、松樹精油和桂皮精油各 5 毫升混合。取
2 滴混合液與 1 茶匙蜂蜜配合飲用，每天 2～3 次。（可自製或請藥
劑師幫助調製製劑）

 ## 幫助病後恢復

檸檬汁進行療法可以很好地補充維他命 C。在感冒或其他病毒感染結
束後，可連續 8～10 天飲用檸檬汁幫助病後的恢復。或是在 5 毫升
的小瓶中，以相同比例混合檸檬精油和側柏醇百里香精油。並將 1 滴
混合液和 1 茶匙蜂蜜一起食用，一天 3 次，連續食用 7 天。

也可在 50℃的酒中放入檸檬皮、橙皮或橘子皮，浸泡 1 週。再用食品
加工機將果皮絞碎，過濾殘渣後加入 1 公斤蔗糖放入密封容器中，每
次餐前飲用 1 杯。但此方法只適用於成人！

 體驗心得

Manue，28 歲：
在冬季，很多人都喜歡喝 1 杯茶，但我通常在下班回家後喝 1 杯熱檸
檬水，這對我來說，是很享受的事情，也使我更放鬆。我以前是經常
得咽喉炎和感冒的，但自從有了喝檸檬水的習慣後，漸漸地，我發現，
我不曾在冬季感冒了！

止吐

檸檬所含的成分，可以抑制噁心、反胃的不適感。

作法：要停止嘔吐，可將檸檬切片放入 1 杯開水中，沖泡 10 分鐘後過濾掉檸檬片。慢慢飲用，嘔吐感就會消失。

 治疣

檸檬精油可殺菌、鎮痛、去角質，能產生一定程度的治疣效果。

作法：
在 25 毫升酒醋中浸泡 3 ～ 4 個檸檬的檸檬皮，浸泡 1 週後，每天塗抹患處 2 次。亦可混合檸檬精油、桂皮精油和風輪菜精油各 1 毫升，每天早晚滴 1 ～ 2 滴混合液於患處塗抹，直至疣消失。或是每天飲用 2 ～ 3 次「檸檬果皮茶」，至少持續 2 週。作法參考第 72 頁。

 緩解各種疼痛

檸檬含有的鎮痛成分，可有效緩解疼痛，而且，它還可以增強阿斯匹靈的藥效。如果有牙痛、關節疼痛、頭痛，或者孩子長高時骨頭不適，可將檸檬壓榨後，在疼痛時稀釋飲用或者直接飲用，也可有規律的進行「檸檬汁持續療法」，＊參見第 63 頁。

 減輕痛風

以下此款飲品可以利尿，促進腎臟工作，排毒。

作法：將 3 個檸檬榨汁後，倒入半杯水中，加入歐石楠蜂蜜調味。每天早上空腹飲用，連續飲用 7 天。

舒解咽喉炎 / 嗓子痛

檸檬中的抗菌消炎成分，可以幫咽喉殺菌，避免炎症發生，而搭配的蜂蜜則可以滋潤咽喉減輕疼痛感。

自製冰飲：壓榨 1 個檸檬的汁後加入半杯水和 1 匙蜂蜜，再加入冰塊，用吸管飲用。

自製檸檬漱口水：在半杯溫水中加入 1 個鮮榨檸檬的汁和 1 茶匙粗海鹽。每天用這種漱口水漱口及咽喉部 3 ～ 4 次，並讓漱口水在口中停留足夠的時間，使檸檬充分發揮作用，即可改善咽喉炎。

自製蜂蜜漱口水：加熱 2 個鮮榨檸檬的汁，並加入一些檸檬或薰衣草蜂蜜，充分混合後加熱直到初步沸騰。涼後用其漱口，並至少在口中含 2 分鐘。

檸檬精油漱口水：半杯水中加入 5 滴檸檬精油和 1 茶匙蜂蜜，混合後漱口。

治療結膜炎 / 針眼 / 眼部感染

檸檬具有滅菌的特性，對於治療感染極為有效。可在眼睛中滴入 1 ～ 2 滴檸檬汁，每天 3 次，或用沾有檸檬汁的紗布為患處消毒。

口腔潰瘍

蜂蜜既可殺菌也可促進傷口癒合,而檸檬更是強效殺菌劑。兩種食物組合起來,對於治療口腔類潰瘍、小傷口、咬傷等非常有效。

作法:用 1 茶匙蜂蜜,2 匙溫水和 1 個檸檬的汁混合成漱口液,一天用多次,或在每次刷牙前使用。
＊蜂蜜建議使用薰衣草蜜或柑橘類花蜜。

 ## 舒緩頭痛

檸檬中有鎮痛和減輕充血的活性成分。頭疼時喝 1 杯加有檸檬的黑咖啡,有立竿見影的效果。可以將沾有檸檬汁的紗布或將檸檬片放在額頭或太陽穴,檸檬中緩解疼痛和減輕充血的活性成分會通過皮膚產生作用。

在印尼,當婦女們頭疼時,會被派去洗碗或洗衣服。當地醫生解釋,這可能是因為島上的人習慣將檸檬切開代替肥皂,而手部長時間泡在有檸檬的熱水中,頭部部分血液就會流向手部,頭痛就會有所緩和。如果是劇烈頭痛,醫生會建議患者光著雙腳站在放有 3 ～ 4 個切開檸檬的熱水中。

 ## 幫助傷口癒合

檸檬有殺菌,收斂和癒合的作用,而蜂蜜也有促進黏膜癒合、抗菌殺毒的作用。

作法：在半杯水中加入 5 滴檸檬精油，每天用此溶液漱口 5 次，每次至少 5 分鐘。此外，也可配合用手指沾 1 滴檸檬精油塗抹在潰瘍處，每天 3 ～ 5 次。

＊蜂蜜建議用薰衣草蜜或柑橘類花蜜，此兩種蜂蜜促進癒合力最佳。

傷口消毒

檸檬除了殺菌消毒的功用外，還有止血、止痛和幫助傷口癒合的作用。不小心受傷，但手邊又沒有酒精棉來消毒？不管是什麼傷口，如割傷、燒傷、咬傷、擦傷、劃傷等，在包紮前用檸檬仔細消毒就可以了，如果有灼痛感，就說明正在起作用！

治療凍瘡

如果發生凍瘡，那麼推薦大家下面的用法，這個用法也已經被登山運動員們驗證過。每天早上飲用 2 個檸檬的檸檬汁，加糖或不加糖，稀釋或不稀釋均可，然後用榨汁後剩下的部分擦拭手腳。

防治冬季流行病

檸檬對於冬季常見病有很好的療效，也可對抗病毒和耳鼻喉感染，幫助身體抵禦病毒的侵襲。此外，它所含的維他命 C 還能幫助「免疫衛士」──白血球的生長。在疲勞時，往往容易受到細菌侵襲。要避免被感染而引起的感冒或胃腸炎，或是其他冬季常見傳染病，可將檸檬精油，樟樹精油和桉樹精油混合後噴灑在辦公室內、家裏等地方。將檸檬與水以 1：2 的比例混合飲用，可提神並提升免疫力。

減輕疲勞乏力 / 神經衰弱症狀

在感到疲勞的同時，免疫系統很有可能也很「疲勞」。那麼就用檸檬來恢復吧！要保持良好狀態，可將早餐的咖啡換成 1 杯溫檸檬水，若覺得味道不夠，也可再加 1 茶匙蜂蜜。若下班回家感到疲憊不堪，可以喝 1 杯溫檸檬水加 1 茶匙蜂蜜恢復精力。沐浴時，可將 5 毫升檸檬精油加入 50 毫升中性沐浴乳中，充分混合。然後將 2 匙混合液放入熱洗澡水中，沐浴至少 15 分鐘，無需沖洗，擦乾即可。

最後再用 5 毫升檸檬精油和 50 毫升瓊崖海棠油或甜杏仁油的混合液按摩（如情況允許，請專業按摩師按摩更好）。不過，要注意檸檬水的溫度最好不要超過 60℃，因為溫度過高會破壞維他命 C。

治療皮膚皸裂

檸檬除了殺菌消毒的功用外，還有促進傷口癒合的作用。可將同比例的檸檬汁、甘油和生理鹽水混合放入容器中，使用前搖勻，每天晚上取少許塗抹在皸裂的手上。

這款自製配方比很多市面上售賣的保濕霜都要有效，對於治療手部皸裂特別有效，而且它還可以促進皮膚傷口癒合。若手邊沒有甘油，也可將橄欖油和檸檬汁混合後塗抹在手上，但這種組合較為油膩。

◉ 痔瘡

橙皮苷是一種檸檬類黃酮物質，主要存在於柑橘類水果的果皮中，檸檬中含量尤其多。通常處方藥中都含有橙皮苷成分，因為它具有有保護血管，滋養神經，治療痔瘡的作用。

患者可用 1 塊棉花沾上檸檬汁塗抹在患處。並在平時盡量多喝檸檬汁（尤其是發病期間）或是配合「檸檬汁持續療法」改善痔瘡情形。

＊「檸檬汁持續療法」可參見第 63 頁。

◉ 解宿醉

檸檬在幫助肝臟排毒的同時，也可以促進酒精的分解。前一天晚上飲酒過度，第二天感到頭暈腦脹，口腔發麻，可以空腹飲用 1 杯檸檬汁。

預防細菌性疾病

檸檬對於各種微生物具有極好的殺菌效果,不管是使用檸檬汁還是檸檬精油,它都會將細菌一掃而光。只要將幾滴檸檬汁滴在菜瓜布上擦拭物體表面,即可為其消毒。或將幾滴檸檬精油滴入噴壺或噴霧器中就可以消毒空氣。

研究顯示,噴灑在空氣中的檸檬精油,可以在 25 分鐘內消滅腦膜炎雙球菌,1 小時內殺滅引發斑疹的細菌,1～3 小時內殺滅肺炎球菌,2 小時內殺滅金黃色葡萄球菌,3～12 小時內殺滅溶血性鏈球菌。所以,在居室內噴灑檸檬精油,基本上可以避免大部分細菌的感染!建議每天操作兩次,每次半小時。

＊腦膜炎雙球菌會導致腦膜炎、肺炎球菌會造成支氣管肺炎、金黃色葡萄球菌會引發中耳炎、鼻竇炎等疾病、溶血性鏈球菌將導致猩紅熱或咽喉炎。

 ## 消除口臭

口臭通常是牙齒細菌,消化不良或飲食不注意引起的,以下方法可以立即消除口臭。

作法:嚼口香糖往往會產生胃脹氣,所以還不如試著咀嚼 1 或 2 片檸檬,並用檸檬水漱口。也可在 5 毫升容器中,加入 1 毫升羅勒精油、1 毫升胡椒薄荷精油、3 毫升檸檬精油。每餐前取 2 滴混合液,配合 1/4 塊糖、麵包或 1 茶匙橄欖油食用。

開胃

因為可以幫助消化,所以檸檬也就具有開胃的功能。

作法:將半個檸檬皮切絲後放入 1 公升優質紅酒中,密封浸泡 10 天,期間每天都搖晃幾下。10 天後將果皮過濾掉,於午、晚餐前飲用。此方法僅適用於成人!

強健骨骼

鈣質是需要酸性來幫助吸收的,而檸檬富含的鈣質和抗壞血酸,對強健骨骼具有極佳的效果。

作法:將檸檬與水以 1:2 的比例混合,每天飲用。
＊抗壞血酸即為維他命 C。

加速鵝口瘡痊癒

利用檸檬的滅菌特性,可以讓鵝口瘡儘早痊癒。做法是用純檸檬汁每天漱口至少 5 次,每次至少 2 ～ 3 分鐘以確保殺菌效果。

減輕真菌病／腳癬(腳氣、香港腳)症狀

檸檬可以使真菌導致的感染症狀減輕。如果手、腳或生殖器受真菌感染,產生花斑癬或其他復發性的真菌症狀,可盡量多飲用檸檬汁或檸檬水,重建身體的酸鹼平衡。或用浸有檸檬汁的紗布塗擦患處,直至症狀消失。也可將檸檬汁與木瓜汁混合,每晚塗在腳部,治療腳癬。

耳炎止痛

檸檬的鎮痛作用可以止痛;殺菌作用可以為耳部消炎。所以我們可用浸有檸檬汁的棉花在耳痛處周圍塗擦。或在耳中滴入 2 滴檸檬汁,直至疼痛消失,每天做 3 次。也可用檸檬皮泡水飲用,持續 1 週,每天 2 次。

＊作法參見 72 頁「檸檬果皮茶」。

 ## 消除水腫

如果經常出現腿部水腫或疲勞的現象,特別是在夏天,那麼可以用檸檬來幫助血液循環,達到消除水腫的效果。只要每天早上空腹飲用檸檬水即可。由於其利尿的功效,可以起到很好消除水腫的作用。

或用冷水沖洗腿部之後,取一個 100 毫升的容器,加入 2 毫升柏樹精油和 8 毫升檸檬精油,再倒滿瓊崖海棠油或甜杏仁油,將其均勻混合,以此混和液由腳至大腿輕推按摩。持續按摩,腿部水腫和酸痛的現象就會逐漸消失了!

 ## 舒緩運動後肌肉酸痛

運動過程會使身體酸化,所以在運動後人們可以適時補充鹼性物質,以中和導致肌肉酸痛的乳酸。檸檬與蘇打水是很好的鹼性飲料,且檸檬所含的成分,還可以補充運動或 SPA 後,大量出汗而流失的礦物質。如果身邊有蜂蜜,也可加入蜂蜜,如此做可以充分補充體力。

在運動過後或體力勞動後，可按照如下方法自製補充礦物質和防止肌肉酸痛的飲品：在水瓶中加入幾個檸檬的汁，最好是有氣的蘇打水。這款飲品可以維持運動時的最佳狀態，也可以幫助運動員在運動後更好地恢復體力。

 ## 治療鼻竇炎

如患有鼻竇炎，沒什麼比吸入檸檬養份更能有效地治療耳鼻喉細菌了。

作法：燒開 250 毫升水，倒入碗中並加入 1 個檸檬的汁，用毛巾包住頭部後，將臉部貼在水面上做深呼吸，呼吸檸檬蒸氣，持續 25 分鐘。

 ## 減輕消化不良症狀

檸檬可以幫助胃部消化酶的產生，適合有消化疾病的患者飲用。

作法：建議在每餐後飲用 1 杯溫的鮮榨檸檬水。或在 10 毫升容器中，混合 2 毫升風輪菜精油和 8 毫升檸檬精油。每餐後取 1 滴配合 1 茶匙蜂蜜，在溫水中溶化後飲用（也可以再加入 1 茶匙橄欖油）。

體驗
心得

Alexis，25 歲：

小時候每次我肚子痛，婆婆就會給我準備 1 杯熱檸檬水。每次喝下後 15 分鐘就好了。現在也是，只要胃一不舒服，我就喝熱檸檬水，還是同樣有效！

頑固性咳嗽

檸檬的止咳功效和蜂蜜的緩和作用，能讓咳嗽很快停止。

作法：將 1 大匙蜂蜜與 2 個檸檬的汁放入熱水中，趁熱飲用。也可以直接將蜂蜜與檸檬汁混合後，以小勺食用，最多吃 2 勺。然後像喝糖漿一樣讓混合物在嗓子裏多停留一會，就可以使咳嗽平緩。

預防、平緩腸胃炎

檸檬在外出旅行時也可以起到很大作用，在使用生食時如果加入檸檬或用檸檬汁在餐前擦拭餐具，都可以起到殺菌消毒的作用，避免腹瀉的發生。

如果覺得已經開始出現腸胃炎的症狀，那麼可以壓榨 2 個綠檸檬的汁，多加些鹽，加入汽水中待其溶解後飲下，症狀很快會消失。要注意的是，並非所有的腹瀉都是腸胃炎引起的，如果出現腹部劇烈疼痛（腸絞痛），大便帶血或黏液，就要馬上看醫生。

Thibaut，37 歲：
如果覺得噁心、肚子痛或者腹瀉，可以壓榨 1 個檸檬的汁，加糖、加熱飲用（不用加水）。這是我在埃及旅行時人們告訴我的，那次我得了腸胃炎，所以嘗試了這個方法，沒想到效果好得沒話說啊！

輔助治療靜脈曲張／靜脈炎

檸檬中含有可以保護血管，強健血管的成分，所以特別建議用來配合靜脈曲張、靜脈炎或各種循環問題的輔助治療。

作法：將 100 毫升瓊崖海棠油、50 滴檸檬精油、30 滴柏樹精油和 20 滴玫瑰天竺蘭精油混合，每天用此混合精油從腳後跟至大腿按摩，促進血液循環。

＊檸檬精油可以直接通過皮膚而作用於血液，對於血液循環問題疾病特別有效。

＊可同時配合「檸檬汁持續療法」，參見第 63 頁。

PART 5

檸檬與美食

看過以上檸檬在清潔衛生，維護健康方面的神奇作用，下面要介紹的是它在美食中的用途。

在享用甜點的時，檸檬的香氣及微酸的口感都使甜點更美味了！檸檬皮切絲後的濃郁香氣更是可以刺激味蕾。在廚房裏，檸檬可以說是無處不在，它可以搭配涼菜，調製醬汁，做海鮮和烤肉菜式，也可以應用在濃湯、甜點、麵包、果醬、冰淇淋、冷飲中。

檸檬在食物上的妙用

不論是黃檸檬還是綠檸檬，切片、切瓣、生食、熟食或是做果醬，它都可以在任何時候搭配製作任何美味佳肴，或使食物更加軟嫩、滑順。以下是使用檸檬時的注意事項和妙招：

減低檸檬酸味

檸檬的酸味可以刺激味蕾，更有助於消化，但只有極少數的人可做到咀嚼檸檬時面不改色。想在使用時減低檸檬的酸味，可以將檸檬切成薄片然後在少許水中浸泡 24 小時，或是調製成檸檬汁盡情享用。

增添錫紙烤魚風味

檸檬可以使烤魚更加美味，但據科學家推測，錫紙在遇到類似檸檬的酸性食物時會產生一種毒害神經的氣體。故以錫紙製作魚類料理時，若想加入檸檬汁最好是使用經特殊過程處理的烘焙紙製作。

去除檸檬苦味

檸檬的苦味主要是來自果皮內的橘絡，若想去除苦味，可以借助削皮器將檸檬皮內部的橘絡去掉。

避免某些食物變黑

有些蔬菜一旦去皮或切開後就會氧化變黑（如酪梨、香蕉），出現這種情況，只需用檸檬擦拭表面或將檸檬汁灑在上面即可，這樣做除了可以防止氧化，還可以保存所有維他命。若要避免食材在烹飪時變黑，可以在鍋中加入少許檸檬和少許橄欖油（如洋薊心部）。

增添燒烤香滑口感

要使烤豬排，烤羊排等烤肉吃起來口感更香滑，可用檸檬汁和橄欖油將肉類醃製 1 小時，這樣吃起來會更加嫩滑，同時散發出濃郁的香氣。

 ## 使啤酒更爽口

在墨西哥，人們會在啤酒中放入一小塊檸檬。試試看，它會使啤酒喝起來更加清涼爽口。

 ## 保持紅蘿蔔新鮮

紅蘿蔔一旦切絲後就要立即食用，否則其中的維他命會因為與空氣接觸而迅速流失，但如果在切絲後、食用前灑些檸檬汁，就可以保持紅蘿蔔不變色，也可以保持它的新鮮。若想增添紅蘿蔔風味，可以使用 1 個檸檬的汁或 1 個香橙的汁調味，味道會很不錯。

 ## 豐富蛋糕風味

在傳統蛋糕糖漿上滴上檸檬汁和蜂蜜，這樣糖漿吃起來既香甜又略帶微酸口感。

可以將白糖和檸檬汁混合後不停攪拌，拌至成為黏稠液體為止。然後將其均勻澆在蛋糕上，或是在製作時借助西點刮鏟刀，均勻塗抹於蛋糕上，最後用檸檬果醬和檸檬皮絲做裝飾！

維持花椰菜顏色、原味

要使花椰菜在製作過程中始終保持其原有的白色，可以在製作前滴上檸檬汁。如果想要去除花椰菜在製作過程中產生的氣味，可在鍋中加入一小塊檸檬。

 ## 提升果醬口感及凝固速度

熬製美味果醬或果凍時，可加入幾粒檸檬籽。因為檸檬籽含有的天然果膠成分，會在熬製過程中與糖相互作用，使果醬更加細膩，且更易凝固。

 ## 延長水果保存期

要避免水果籃中的其他水果過早成熟而變質，可以在中間放 1 個檸檬，延長其他水果的保存期限。

 體驗心得

Martine，56 歲：

有時家裏來了客人，需要放 1 片檸檬在飲料中，但家裏卻沒有準備，或者不得不重新切開 1 個檸檬卻只使用 1 片，這樣做總覺得很浪費。不過，現在我有一個竅門！就是將檸檬切厚片，然後用保鮮膜包住放到冷凍庫裡！這樣做不但隨時有檸檬片用，還可以把檸檬片當成冰塊使用！

裝飾菜肴

將檸檬切片、切塊，切成鋸齒狀或者切碎都可以拿來點綴菜肴，使菜肴變得更加賞心悅目，也可以將果皮切成各種形狀來增加菜肴的色彩，營造節日氣氛。不過，在亞洲的美食中檸檬較常被用來裝飾湯品。

 飲品杯邊裝飾

慶祝節日時，經常要為酒杯做些裝飾，此時可先用檸檬片擦拭杯緣，然後在盤子中撒入一層白糖，並滴上幾滴檸檬糖漿、石榴糖漿（或喜好顏色的其他糖漿），最後在杯緣沾上一些盤子裏的白糖，這樣有著好看顏色的白糖就會留在杯緣上了。裝飾效果很不錯！

 提升冷凍肉品口感

在煎烤冷凍牛排，豬排或其他肉類時，可在鍋中加入幾滴檸檬汁。如此可以很好地幫助肉類收汁，吃起來口感會更好！

 草莓保鮮、除農藥

要清洗草莓但不改變其味道，可以將檸檬汁噴灑在草莓上。這樣做可以在去除農藥的同時，保留草莓原本的清香。

草莓是最不易保存的水果之一，如果無法在24小時內吃完，那就把糖、新鮮薄荷葉與草莓一起製成沙拉，再加入少許檸檬汁避免其氧化，蓋上蓋後放入冰箱冷藏室。

增加奶油餅張力

要使製作的奶油餅更加有張力具彈性，可以加入幾滴檸檬汁。因檸檬的酸性可以分解麵粉中的蛋白質。

 ## 使海鮮更美味

要想讓魚蝦類海鮮更加美味，可滴入些檸檬汁，或將黃檸檬或綠檸檬汁加入溶化的奶油中，塗抹在魚肉上再放入烤箱中，味道會很棒！

 ## 襯托鮭魚味道

檸檬與鮭魚是最完美的搭配！不管是生食、醃、燻或烤，檸檬都可以更完美地襯托出鮭魚的美味。除此之外，檸檬還可以避免鮭魚肉變乾，使其保持鮮亮色澤。

 ## 烤出金黃色澤

想使烤雞或煎牛肉呈現金黃色澤，可以在肉上灑上檸檬汁。這樣烤製出來的肉類便會呈現讓人充滿食欲的金黃色。

 ## 減肥期的最佳調味劑

有什麼食物既美味卻擁有最少的熱量呢？答案當然是檸檬！節食減肥期的飲食，通常以低鹽少油為標準，所以吃的通常都是些「無味」食物。此時，檸檬可以很好的為食物提味，但卻不會增加熱量。

 搭配性極高

檸檬與各種水果配合，可以製作各種不同口味的水果奶昔。製作時建議將整個檸檬片放入，這樣檸檬果肉、果皮、檸檬籽的活性成分都可以得到充分釋放。如果使用手動壓橙器的話，就只能留住果汁的營養成分了。

使燉牛肉更香嫩

在水中加入幾滴檸檬汁，燉出來的牛肉會更加香嫩。

檸檬皮去油

要減少高湯中的油性，但又保留其美味，可在湯中加入檸檬皮。

避免蛋黃醬或醋汁結塊

在開始製作蛋黃醬前先加入 1 滴檸檬汁，然後再將蛋黃、芥末、油和鹽一起打發混合，這樣不但不會在製作過程中產生結塊，還能夠加速乳化！

為橄欖油提香

要用檸檬給橄欖油提香，只要在橄欖油瓶中加入 1～2 滴檸檬精油就可以了。

使肉質柔軟

火雞肉或是雞肉有時吃起來會覺得肉質很緊，口感不好。可以將一個檸檬榨汁，然後將肉類在檸檬汁中浸泡半小時。煎烤前，注意要用吸水紙將多餘的水分吸乾。

檸檬皮的獲取及應用

要既簡單又安全的獲取檸檬絲，可將檸檬放入冰箱冷藏室後再切絲，因為在低溫下可以更容易獲取檸檬絲。切絲時最好借助專門的切絲器，或是使用削皮器、細孔刨菜板。但如果想把檸檬絲不著痕跡的加入菜肴或糕點中，就要使用乳酪切絲器了。因為它可切出很細的絲，不仔細看很難發現它的存在。

檸檬皮絲經常被應用在糕點的製作上，只要將檸檬絲加入白糖或溶化的巧克力中，就能製成美味的小甜點；將檸檬果肉掏出，留下整個果皮，在裏面放上檸檬口味的雪糕球，然後放入冰箱冷凍，就製成清涼美味的檸檬雪糕！

除了製作甜點外，檸檬皮絲也可以為醬汁、濃湯、甜點提味，或是搭配生魚片、烤魚為菜肴增添風味，又或者用來做擺盤的裝飾。不過，若未經過任何處理就將檸檬絲放入料理中，可能會吃到它的苦味，想去除苦味，可以在切絲前去掉果皮內部的白色橘絡，然後將果皮放在開水中煮 3 ～ 4 分鐘，或在冷水中放置一晚。

檸檬與調味

 ## 天然的食品調味劑

在食用鮭魚、羊肉、肉片、維也納肉片或米蘭肉片時,經常會加入檸檬;在烤魚、紅蘿蔔絲、塔布雷沙拉中,甚至是義大利麵中我們也會加入檸檬。這是因為檸檬是天然的食品調味料!它的味道可以滲透到醬汁、魚肉、飲料、紅肉、甜點和麵包中。且無論是甜味還是鹹味,其特有的熱帶香氣,都可以給所搭配的食物增添風味;其天然的酸性也可以很好地襯托食物味道,尤其是清淡的食物效果更佳,也因此檸檬與沙拉是非常好的搭配。

 ## 添加檸檬的調味醬

檸檬可以與所有東西搭配,所以別擔心口味不搭,儘管根據個人口味自由發揮,開發自己的檸檬調味料吧!

檸檬優格
只要取 1 個原味優格,加入 1 小滴檸檬精油和 1 茶匙蜂蜜,就完成一份美味的檸檬口味優格 I 也可以加入 4 滴香草精,3 滴檸檬精油來製作玉米粉糕、西米露或其他奶類甜點。
＊檸檬的酸性會改變牛奶性質,最好使用檸檬精油來搭配奶製品 I

檸檬香味鹽
在碗中加入食鹽、乾檸檬皮絲和祕魯胡椒攪拌均勻,就製成了既美味又美觀的香味鹽。可以用來搭配各種沙拉、魚肉和白色肉類。

醋浸汁

醋浸汁是一種混合了油類和香料的檸檬汁，其酸性可以使生魚類或生肉類變嫩、軟化以達到直接食用的程度。

軟焦糖

準備 5 塊糖和 1 匙水，用慢火加熱並不時晃動鍋子，以確保糖塊在溶化過程中平攤開，過程中，為了不讓焦糖變硬，請在糖塊開始變色時加入幾滴檸檬汁。糖塊融化後，可以加入 1 小匙奶油、鮮奶油和少許鹽，這樣就完成了散發著濃郁奶香的軟焦糖了！

＊注意時間的掌控，因為變化會在很短的時間內發生。

酸奶油

清爽可口的酸奶油搭配生食、湯類、醬汁、燻鮭魚片、帕爾馬火腿或用來製作糕點，都是絕佳的美味！要自製酸奶油，可在鮮奶油中加入少許檸檬汁，待其發生反應後瀝乾水分。

如果想加熱奶油，溫度不要超過攝氏 80 度，否則會改變其性質。如果需要配合燒製好的醬汁直接食用，可以在其處於微微晃動狀態時關火，並用力攪動，然後將其放置於陰涼處保存。

軟起司

要在 12 小時內自製軟起司，只需將牛奶在微波爐中用最大火加熱 20 秒，或者在鍋中加熱 2 分鐘，然後於熱牛奶中加入檸檬汁，並以保鮮膜蓋住容器，再放入冰箱中一晚。第二天早上就可以盡情享用自製的軟起司了。

柑橘油

在容器中加入 60 毫升菜籽油、2 滴檸檬精油、2 滴香橙精油和 1 滴柚子精油，混合均勻後就可以用來搭配魚類等菜肴了。

檸檬醋汁

檸檬無所不能，它甚至可以自製不用醋的醋汁！作法是將 1 匙芥末、6 匙檸檬汁、半杯橄欖油、鹽、現磨胡椒粉和幾滴塔巴斯科辣椒醬混合，就完成醋汁了。如果喜歡，還可以加入一些番茄醬或幾滴蜂蜜。

醋汁可以搭配沙拉食用，如果希望沙拉吃起來更加入味，可以在食用前 30 分鐘加入檸檬醋汁。如果希望保留生菜的原味和清脆的口感，只要在食用時再加入檸檬醋汁即可。

鹽和醋的替代品

對於高血壓和水腫等需要低鹽飲食或消化系統不適的人，檸檬汁可以在很多時候代替鹽和醋。如果做飯時發現家裏沒有鹽了，可以將檸檬和香草作搭配，為食物提味；如果發現沒有醋了，可以利用酸檸檬代替。而且檸檬對胃部的刺激還比醋來的小，同時還可以幫助消化，對心血管很有好處。如果覺得飯菜沒有味道，試著加入些檸檬吧！

檸檬與生食

檸檬是很好的食物殺菌劑。為避免食物中毒，在食用所有海鮮時，都可以先滴上檸檬汁，過 10 ～ 15 分鐘後食用。在夏季，生食沙拉、肉類、魚類和湯類，都可以用此方法。用量為半個檸檬加入 1 公升水，即 150 毫升新鮮檸檬汁搭配 1 公升水。若想確保細菌等微生物被完全消滅，亦可在清洗生菜時在水中加入一些檸檬汁。

將檸檬與生食做搭配，除了可以達到上述的消毒作用外，當然也能增加食物的風味！以下為大家介紹幾種添加檸檬的美味生食：

生鮭魚片

將鮭魚切成薄片，在盤中倒入鮮榨檸檬汁，最好是綠檬汁，使檸檬汁均勻地附著在生魚片上，再加入橄欖油、鹽、胡椒和 2 片百里香或幾粒小茴香。然後將鮭魚片放入冰箱冷藏室 15 分鐘以上，使調味料的味道和魚片完美融合！
＊可根據個人口味和魚片厚度自由掌握冷藏時間。

生牛肉片

在碗中倒入 1 個檸檬的檸檬汁、4 匙橄欖油和少許鹽及胡椒，攪拌均勻後，塗抹在切得很薄的肉片上，以刺山柑花蕾，帕馬森乾酪絲，羅勒葉和檸檬片做完裝飾後，放入冰箱冷藏，食用前取出即可。

祕魯海鮮雜燴

只需要將海鮮浸泡在檸檬汁中，不用再經過其他的加工即可食用。

⊛ 黃瓜沙拉

要製作美味且低脂的鮮奶油黃瓜沙拉，只要將 1 匙新鮮液態起司、少許檸檬汁、鹽和胡椒混合後澆在切好的黃瓜片上，即可盡情享用沙拉的酸甜滋味！

⊛ 生涼菜（涼拌菜、冷盤）

如果在涼菜中加入檸檬汁，可以使其更易消化，也可避免其在空氣中氧化。

⊛ 生魚片

在享用生魚片時，檸檬是不可缺少的！橄欖油的甘甜口感和檸檬汁酸酸的口感，可以使生魚片的味道達到極致。

⊛ 蔬菜沙拉

在蔬菜沙拉中加入檸檬汁，不但可以增加維他命 C，還可以促進鐵的吸收。若正在節食減肥，還可以使用檸檬汁代替奶油或橄欖油等熱量高的油脂為水煮菜調味。

⊛ 塔布雷沙拉（Tabouleh Salad）

在準備食用時，在塔布雷沙拉上再滴入些檸檬汁，這樣做可以在添加水分的同時為其增加新鮮的酸酸口感。

# 檸檬食譜

· ·

檸檬奶餡 **4** 人份

材　料：奶油 100 克、白糖 350 克、檸檬 7 個、雞蛋 4 顆
　　　　2 匙檸檬皮絲和檸檬汁

作　法：

1
先將奶油放入蒸鍋,在加入白糖、檸檬皮絲和檸檬汁,攪拌直至奶油徹底溶化。

3
將其倒入燙過的玻璃容器中,密封,在陰涼通風處保存。

2
將雞蛋打勻,加入溶化的奶油混合物中,不停攪拌直至成奶油狀為止。

TIPS

· 　製作時要注意控制火候,並不時攪拌晾涼。

· 　這款檸檬奶餡可以在冰箱冷藏室保存 6 個月。

· 　可以將奶餡塗抹在杏仁蛋糕或奶油麵包上。也可搭配烤麵包片、檸檬蛋塔或 1 杯香橙茶食用。

⊛ 檸檬雞　　6人份

材　　料：雞 1 隻、檸檬 3 個、橄欖油 4 匙、雞湯 300 毫升
　　　　　洋蔥 2 個、鹽和胡椒適量

作　　法：

1
雞切塊，檸檬洗淨後切片，洋蔥去皮後切絲。

2
將油加熱後放入洋蔥翻炒，炒至洋蔥稍稍變色即可。

3
加入雞塊、檸檬塊、鹽、胡椒、雞湯，撒入普羅旺斯香料。

4
改小火，蓋上鍋後燜煮 1 小時 10 分鐘即可。

TIPS

按照上面的方法製作這道香氣濃郁的檸檬雞，遠比傳統烤雞要來得健康，且此道菜也有很好的瘦身效果。

糖漬檸檬　　**6**人份

材　　料：新鮮檸檬 8 個、糖 400 克、水 500 毫升
　　　　　溶化的糖或溶化的巧克力 50 克、檸檬絲
作　　法：

3
將檸檬條放入鍋中，並放入水和糖，慢火煮 2 小時。

1
檸檬洗淨去皮，將果肉切成大小相等的條狀。

4
放置一晚後即可食用。

2
將切好的檸檬條在滾水中燙一下，撈出後瀝乾水分。然後重複再做一次。

TIPS

- 可與溶化的糖或巧克力捲在一起，或者與椰絲包在一起食用。
- 此款甜品特別適合喜愛美食的人。

檸檬餡餅 **4** 人份

材　　料：牛油麵餅 1 個、檸檬 2 個、玉米粉 40 克
　　　　　零脂肪軟起司 500 克、甜精 7 匙、脫脂奶 80 毫升
　　　　　雞蛋 4 顆、脂肪含量 15% 的濃稠鮮奶 150 克
作　　法：

3
將蛋黃、甜精和玉米粉混合，依順序慢慢加入牛奶、鮮奶油和軟起司。

1
烤箱預熱 180℃，將牛油麵餅放入烤箱中，注意翻看，十幾分鐘後取出。

5
將蛋白打發後慢慢倒入混合物中攪拌均勻。

4
加入檸檬汁和檸檬皮絲，混合均勻後備用。

2
壓榨 1 個檸檬，然後去皮，另一個檸檬則切成薄片，平鋪在餡餅上。

6
慢慢倒入鋪有牛油麵餅的模具中，再鋪上檸檬片，入烤箱烘烤 35 分左右。

TIPS

· 　這款餡餅適用於糖尿病患者，因為其中使用了甜精代替白糖。

· 　此款餡餅比傳統方法製作的餡餅熱量還低。

摩洛哥醃檸檬

材　　料：新鮮檸檬 1 公斤、粗鹽
作　　法：

3 在 4 瓣檸檬中間撒上鹽，然後將 4 瓣合起。

1 將檸檬放入水中浸泡 5 天。

5 幾天後，可觀察檸檬產生像蜂蜜般濃稠的液體，醃製 1 個月即可完成！

4 在玻璃容器中放滿按上述方法製作的檸檬，蓋好蓋後放置 8 天。

2 將檸檬豎放，沿著長邊切為 4 瓣，但注意不要切斷且保持底部完整。

TIPS

- 製好的醃檸檬汁可以在製作沙拉時替代醋。
- 粗鹽用量為每 4 個檸檬使用半杯鹽。
- 製作時間很長，但是方法卻並不複雜，製作完成後可以用來製作各式燉菜、蒸菜、肉類。總之，不論是南方菜式還異國風味的菜肴都可以用。
- 將醃製檸檬的玻璃瓶放置在角落、廚房擱架上，或者與其他酒瓶放在一起，都可以作為不錯的裝飾。

 檸檬果醬　　10人份

材　　料：檸檬 24 個、白糖 700 克、少許水
作　　法：

3
將 16 個檸檬切片、8 個檸檬榨汁倒入容器，加熱 5 分，並不停用勺攪拌，慢慢加入白糖。

1
檸檬洗淨，去掉檸檬皮，將其切成細小的長條。

4
轉小火煮 20 ～ 25 分鐘，期間不停攪拌，並用漏勺過濾掉雜質。

2
燒開水，將切好的檸檬皮絲放入，煮 1 ～ 2 分鐘，使其變軟。

5
倒入小瓶中並加入事先準備好的檸檬皮絲，密封，完成製作！

TIPS
更快速的做法是，準備 1 公斤白糖和 1 公斤檸檬，加熱 20 分鐘，放涼後待其凝固即完成！

檸檬布丁　**8** 人份

材　　料：雞蛋 5 顆、紅糖 75 克、檸檬汁 5 克
　　　　　液體香草 10 克、脫脂奶 500 克
作　　法：

1

將雞蛋、紅糖、檸檬汁、液體香草和牛奶攪拌 60 秒鐘。

2

將混合物倒入模具中，再將模具放入倒有水的烤盤上。

3

放入預熱 180℃的烤箱中烤 30 分。用餐刀插入布丁，若取出是乾淨的，則完成。

4

小心的從烤箱取出，徹底放涼後食用。

檸檬飲品

由於有解渴的功效，檸檬汁幾乎可以與所有飲品搭配飲用，既美味又健康。

 檸檬溫飲

材　　料：檸檬 3～4 個、冷水 1 公升
作　　法：

1
先將檸檬切成薄片，並保留其檸檬籽。

2
將檸檬片放入鍋中並加入冷水。

3
用大火將水燒開後，以小火熬煮 20 分鐘。

4
放置一晚後過濾，小口溫飲。

TIPS

· 如果可以，切碎幾片新鮮的檸檬葉一起熬製。
· 飲用時可以再加入新鮮的檸檬汁，連續飲用 10 天左右。

⊛ 柑橘飲

材　　料：橙皮、檸檬皮、糖水適量
作　　法：

1
將橙皮和檸檬皮切絲後放入糖水中煮 5 分鐘。

2
將糖水導入有礦泉水的玻璃瓶中，放入冰箱冷藏保存。

TIPS

· 　最好使用綠色或採摘後未加工的檸檬。
· 　這款飲品製作簡單，且與超市販賣的飲料相比含糖量更低。

⊛ 薄荷檸檬水

材　　料：檸檬 2 個、薄荷葉數片、有氣蘇打水適量
作　　法：

1
把 2 個檸檬榨汁後加入幾片薄荷葉。

2
倒入有氣蘇打水中均勻攪拌，就製成開胃清爽的薄荷檸檬水了。

檸檬精油飲

材　　料：檸檬精油、天竺葵精油、松柏精油、薄荷精油
　　　　　香橙精油各一滴、蜂蜜 1 茶匙

作　　法：

1 取每種精油各 1 滴放入杯中。

2 加入涼水或熱水，再加入蜂蜜混合均勻，即可飲用。

TIPS

除了以上精油外，將檸檬精油與其他精油混合後用溫水或冰水沖開，就製成了美味的精油飲品。

 ## 蜜桃飲

材　　料：覆盆子 10 克、檸檬汁 10 克、水蜜桃 75 克
　　　　　石榴汁 85 克、糖 1 茶匙、少許冰

作　　法：

材料全部放進攪拌機，均勻攪拌後即可飲用。

TIPS

這款美味的混合蜜桃飲僅含有 23 大卡熱量。

檸檬冰茶

材　　料：檸檬 1 片、冰茶適量
作　　法：

將 1 片檸檬榨汁放入冰茶中即可飲用。

TIPS

可使用現成的冰茶，或另外自製冰茶使用。

 ## 黃綠檸檬雞尾酒

材　　料：黃、綠檸檬各 1 個、檸檬汽水 150 毫升
　　　　　甘蔗糖漿 1 茶匙、碎薄荷葉 2 片
作　　法：

1 將黃、綠檸檬榨汁，倒入冷飲調和器中。

2 加入檸檬汽水，甘蔗糖漿和碎薄荷葉，冰鎮飲用。

TIPS

此款飲品 2 杯僅含 46 大卡熱量，且富含一天所需的維生素 C。

◉ 檸檬水

材　　料：檸檬、水

作　　法：

檸檬與水以 1：2
比例調製即可。

TIPS

- 可加糖調整風味，但儘可能少加。
- 想要喝起來口感更加細緻，可以在沖泡後去掉殘渣。
- 檸檬水特有的酸性和每 100 克 29 卡的低熱量，為口渴時最佳選擇。
- 這款檸檬水對於保持身材和健康都很有好處，甚至可以用來治療某些疾病，比如趁熱飲用可以幫助消化，冷飲則可以提神。

◉ 檸檬汽水──〔特製攜帶式固體檸檬汽水〕

材　　料：白糖 100 克、檸檬酸 10 克、小蘇打 20 克
　　　　　檸檬精油 10 滴

作　　法：

1 白糖、檸檬酸、小蘇打和檸檬精油混合在一起，製成方塊形保存。

2 使用時取出 1 塊，加入 1 杯水沖泡即可。

TIPS

此款汽水保存時，應避免潮濕處。

檸檬汽水─〔傳統檸檬汽水〕

材　　料：水 4 公升、糖 500 克、檸檬 1 個（切片）
　　　　　米飯 1/2 碗
作　　法：

1 將水、糖、檸檬和米飯一同放入罐中。

2 蓋上蓋後放 3 天，且每天搖晃幾次。

3 取出過濾，並將液體倒入瓶中密封，再放置 3 ～ 4 天後飲用。

TIPS

米發酵得越好，檸檬水的氣就會越足。在陰涼處保存較佳，如果希望檸檬味道更重，可以將檸檬的量加倍。也可以加入薑片、珊瑚花、覆盆子酒或其他水果。

⊛ 檸檬汽水─〔速成檸檬汽水〕

材　　料：方糖 170 克、檸檬 3 個、水 1 公升（有氣沒氣皆可）
作　　法：

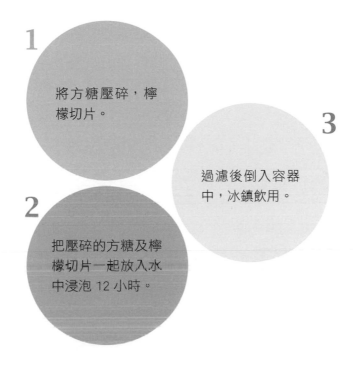

1
將方糖壓碎，檸檬切片。

2
把壓碎的方糖及檸檬切片一起放入水中浸泡 12 小時。

3
過濾後倒入容器中，冰鎮飲用。

TIPS

如果時間很趕，可以使用熱水，這樣只需浸泡 1 個小時就可以了。

附 錄

附錄一　蒙頓檸檬

 ## 蒙頓傳說

蒙頓（Menton）是法國東南部地中海邊的檸檬之城，這裡流傳了一個古老的傳說。亞當和夏娃在被驅逐出伊甸園前，夏娃摘了一個檸檬帶走。很長時間，亞當和夏娃都在尋找一個地方來保存這個檸檬，作為他們對失落伊甸園的記憶，最後他們找到了蒙頓灣。美麗的海灣，溫和的氣候，豐富的物產……所有的一切都讓他們感覺到又重回了伊甸園。而夏娃埋入檸檬的地方，就出現了今天的蒙頓城。

 ## 適合檸檬的地理環境

不受海風影響，蒙頓擁有極其優越的自然環境。從 2 月份開始，由於足夠的光照和適宜的溫度，不管是黃檸檬還是綠檸檬，都會像雨後的蘑菇般迅速生長。蒙頓檸檬由於成熟後還可以在果樹上待 1 年再採摘，因此有足夠的時間吸收糖分，造就了微甜的口感，也成為它聞名於世的原因！

蒙頓檸檬節

每年的 2 ～ 3 月份，蒙頓都會舉辦檸檬節，那是真正的柑橘狂歡節！整整 3 週的時間裏，滿城都會充滿檸檬的鮮黃與碧綠、新奇的面具、華麗的服裝，用檸檬和香橙所做的各種造型的花車遊行。到處都是歡樂的人群，人們都為了豐收而沸騰！

蒙頓檸檬節創建於 1934 年，每年要完成節日的那些美麗裝飾，需要至少動用 300 名專業人士和至少 100 噸檸檬和香橙。大受歡迎的蒙頓檸檬使蒙頓這座城市，成為有名的旅遊勝地，每年檸檬節到蒙頓來旅遊的人多達 50 萬。小小的水果，卻拉動了當地的經濟！你是不是很難想像，如此小的水果，可以有如此巨大的本領呢？

 附錄二 其他柑橘類水果

柑橘類水果還有很多，如金桔、香櫞、香檸檬、青檸（綠檸檬）、橘子、葡萄柚、文旦柚……。檸檬可以自由地與這些柑橘類水果嫁接形成新的品種，比如檸檬與香橙嫁接會生產出「檸橙」，或者與橘子嫁接產生「檸橘」。檸檬的具體起源還不是很明確，有一種說法是它可能是香櫞、青檸和柚子在自然狀態下雜交而成的。

綠檸檬

綠檸檬,也稱青檸,比起黃檸檬其酸性和甜味都略低。可以用來製作魚類或雞肉菜肴,如非洲的塞內加爾雞肉飯、大溪地風味的油醋浸魚,也可以用來搭配各種熱帶雞尾酒。

香櫞

香櫞,也被稱為「香水檸檬」,是檸檬的近親,在全世界共有 30 多個品種,它被人們所熟知,主要還是用來製作化妝品。它的外觀像是一個很大的檸檬,表皮凹凸不平,有的重量可以達到 1 公斤,其果肉及果汁沒有檸檬的酸性大。主要產地在土耳其,可用來製作果醬或釀酒。在烹飪時,人們更常使用它的精油,而不是水果本身。

柚子

柚子根據成熟程度的不同呈現黃色或綠色,成熟度越高,色澤越黃、越多汁,其香氣近似葡萄柚和桔子。原產於亞洲,可耐受的最低生長溫度有時可以達到零下 5 度。它在日本是一種很受歡迎的食材,經常被用來搭配湯類、生魚片、烤魚和糕點。

# 附錄三　世界各地與檸檬有關的傳說

實現願望

有種說法是，如果你能做到吃檸檬時沒有表情變化，那麼你的所有願望都可以實現！

情侶吵架

在葡萄牙，如果跟心愛的人吵架了，那麼在接下來 3 天，在每天早午晚教堂鐘響的時候，用針刺檸檬，而且要說：「這個檸檬就是你的心，只要你不來跟我說話，就讓你不能吃飯，不能喝水，不能睡覺。」

抓住丈夫的心

有些地方，人們相信婦女要經常給自己的丈夫做檸檬餡餅，這樣丈夫才會始終不變心。

維持長久友誼

將一小塊檸檬皮放在客人坐的椅子下面，這樣友誼會很長久。

對付敵人

有種古老的傳說是，如果將用釘子扎過的檸檬扔進大海，就會對自己的敵人造成致命的傷害。而且如果丟進去後再也找不到那個檸檬了，那麼咒語就會生效，被詛咒的人會一直生活在痛苦中。

愛情魔藥

在印度，一個男子如果被心愛的女子拒絕，那麼他可以將自己吃過檸檬的 4 顆檸檬籽，分別種在 4 個花盆裏。4 個花盆的土壤要分別取自男子父親的花園，心愛女子的花園，心愛女子父親的花園和男子自己的花園，然後耐心等待。

如果用男子父親花園土壤種植的檸檬死掉，而用心愛女子父親花園的土壤種植的檸檬茁壯成長，那麼這將是一個很好的徵兆。此時，男子可將這棵檸檬送給心愛的女子，女子就會在很短的時間內愛上他。

 ## 祈求好運

在印度，檸檬象徵吉祥，可以淨化心靈。所以在很多商店門口，店家都會用一根繩子將一個檸檬和一條辣椒串在一起，掛在門口以求好運。

 ## 去除晦氣

傳說檸檬可以去除別人用過物品的晦氣和魔力。用檸檬擦拭舊物後，舊物上遺留下的那些不祥就會消失，也就不會再影響其他人了。

附錄四　自製電池

物理學家亞歷山卓‧伏特（1745 － 1827）第一個發現了電可以儲存的特性。一天，伏特在許多鋅片與銅片之間墊上浸透鹽水的絨布，平疊起來。用手觸摸兩端時，感到強烈的電流刺激，而且平疊的層數越多，電量越大……於是他發明了世界上第一個「伏打電堆」，實際上就是串聯電池組。

你也可以自製簡單的電池，雖然這樣製作的電池電量很有限，但也足夠 1 個小燈泡使用了。

🍋 檸檬生態電池

材　　料：檸檬 1 個、電線 1 段、鋅片 1 塊、銅片 1 塊
　　　　　最大電量 1.5 伏特燈泡 1 個、膠帶 1 捲

作　　法：

1 將電線剪成兩段，每段 10 公分長，再將電線的塑膠外皮去掉。

2 取其中 1 段電線，用膠帶將其中一端與 1 塊鋅片連在一起。

3 取另外 1 段電線，用膠帶將其中一端與 1 塊銅片連在一起。

4 用膠帶將與鋅片連接的電線另一端和燈泡負極連接。

5 將鋅片插入檸檬的一端，銅片插入檸檬的另一端。

6 將與銅片連接的電線一端與燈泡的正極接觸，完成。

柑橘類水果
Q&A

Q: 最常見的檸檬有哪幾種？

A: Verna，Primofiori 和 Limo Fino，這三種來自西班牙的檸檬是最常見的。

Verna 可能是最便宜的一種，它不但汁多、容易保存、而且一年四季都有。雖然在採摘前後都經過加工處理，但因其鮮亮的顏色和橢圓的外形，所以賣相很好，一般客人來都會挑選這種檸檬。不過其實是它表皮上打了一層蠟……

Q: 哪種檸檬品質較好？

A: 法國自產的檸檬品質是最好的！多汁且香氣足，產地在尼斯和蒙頓，但它們只在每年的 1 ～ 3 月間上市銷售，而且它們的檸檬在採摘後都沒有經過加工，也就是說沒有打蠟。不過它們還是會使用農藥，所以也不是綠色產品！除了尼斯和蒙頓外，科西嘉有時也會產檸檬。

Q: 如何選擇柑橘類水果呢？

A: 不要選擇摸起來很硬且無光澤的，重點是表皮要細緻且光滑，表皮越細緻代表果汁越多。

Q: 除檸檬外，哪種柑橘類水果也有療效呢？

A: 與檸檬一樣，柚子也被認為是一種有治療功效的食物。一種比較流行的傳統方法是在冬至的當天洗柚子浴。具體作法是把柚子包在布袋中或者將整個柚子直接放入有熱水的浴缸中，讓柚子濃郁的香氣和其強身的作用充分釋放。

Q: 那柚子應該怎麼應用在烹飪上呢？

A: 柚子經常被用來製作東方美食，但由於其沁人心脾的香氣和甘甜的味道，越來越多歐美的大廚或美食家們也開始用柚子來代替香橙和葡萄柚。

有時人們會用柚子汁和橄欖油醃製沙丁魚，也會使用柚子和芒果醬汁搭配金槍魚餡餅……；愛爾蘭人則用柚子汁來給馬鈴薯沙拉或海蝦沙拉調味；義大利人將本地產的橄欖油和柚子汁混合後作成涼菜醬汁；荷蘭人則用來搭配啤酒。雖然在法國它的食用還不是太流行，但是在一些售賣異國產品的商店或亞洲食品店，甚至是在網路上，也可以買到柚子了。

※ 此篇內容為與蔬果店老闆的對話。

品味生活 系列

健康氣炸鍋的美味廚房：
甜點×輕食一次滿足

陳秉文　著／楊志雄　攝影／250元

健康氣炸鍋美味料理術再升級！獨家超人氣配件大公開，嚴選主菜、美式比薩、歐式鹹派、甜蜜糕點等，神奇一鍋多用法，美食百寶箱讓料理輕鬆上桌。

營養師設計的82道洗腎保健食譜：
洗腎也能享受美食零負擔

衛生福利部桃園醫院營養科　著
楊志雄　攝影／380元

桃醫營養師團隊為洗腎朋友量身打造！內容兼顧葷食＆素食者，字體舒適易讀、作法簡單好上手，照著食譜做，洗腎朋友也可以輕鬆品嘗美食！

健康氣炸鍋教你做出五星級各國料理：
開胃菜、主餐、甜點60道一次滿足

陳秉文　著／楊志雄　攝影／300元

煮父母＆單身新貴的料理救星！60道學到賺到的五星級氣炸鍋料理食譜，減油80%，效率UP！健康氣炸鍋的神奇料理術，美味零負擔的各國星級料理輕鬆上桌！

嬰兒副食品聖經：
新手媽媽必學205道副食品食譜

趙素濚　著／600元

最具公信力的小兒科醫生＋超級龜毛的媽媽同時掛保證，最詳盡的嬰幼兒飲食知識、營養美味的副食品，205道精心食譜＋900張超詳細步驟圖，照著本書做寶寶健康又聰明！